Peter Neumeyer
Faszination Flug

Weitere Titel aus der Reihe

Wie alles anfing
Von Molekülen über Einzeller zum Menschen
Manfred Bühner, 2022
ISBN 978-3-11-078304-9, e-ISBN 978-3-11-078315-5

Zeit (t) – Die Sphinx der Physik
Lag der Ursprung des Kosmos in der Zukunft?
Jörg Karl Siegfried Schmitz-Gielsdorf, 2022
ISBN 978-3-11-078927-0, e-ISBN 978-3-11-078935-5

Einstein über Einstein
Autobiographische und wissenschaftliche Reflexionen
Jürgen Renn, Hanoch Gutfreund, 2022
ISBN 978-3-11-074468-2, e-ISBN 978-3-11-074481-1

Lila macht kleine Füße
Können wir unseren Augen trauen?
Werner Rudolf Cramer, 2022
ISBN 978-3-11-079390-1, e-ISBN 978-3-11-079391-8

Unterwegs im Cyber-Camper
Annas Reise in die digitale Welt
Magdalena Kayser-Meiller, Dieter Meiller, 2023
ISBN 978-3-11-073821-6, e-ISBN 978-3-11-073339-6

Sterngucker
Wie Galileo Galilei, Johannes Kepler und Simon Mariusdie Weltbilder veränderten
Wolfgang Osterhage, 2023
ISBN 978-3-11-076267-9, e-ISBN 978-3-11-076277-8

DE GRUYTER
OLDENBOURG

DE GRUYTER POPULÄRWISSENSCHAFTLICHE REIHE

Peter Neumeyer

Faszination Flug

Wirbel, Zirkulation, Auftrieb

DE GRUYTER
OLDENBOURG

Autor
Dipl.-Phys. Peter Neumeyer
Am Mühlberg 46
64354 Reinheim
soukousmusik@gmail.com

ISBN 978-3-11-133600-8
e-ISBN (PDF) 978-3-11-133628-2
e-ISBN (EPUB) 978-3-11-133655-8
ISSN 2749-9553

Library of Congress Control Number: 2023946884

Bibliografische Information der Deutschen Nationalbibliothek
Die Deutsche Nationalbibliothek verzeichnet diese Publikation in der Deutschen Nationalbibliografie;
detaillierte bibliografische Daten sind im Internet über
http://dnb.dnb.de abrufbar.

© 2024 Walter de Gruyter GmbH, Berlin/Boston
Coverabbildung: ma_rish/iStock/Getty Images Plus und duncan1890 / DigitalVision Vectors / Getty Images
Satz: VTeX UAB, Lithuania
Druck und Bindung: CPI books GmbH, Leck

www.degruyter.com

Dieses Buch widme ich meiner lieben Mutter.

Sie hat in mir das Interesse und die Begeisterung an Naturwissenschaften, insbesondere an der Physik schon als kleines Kind geweckt. Auch ihre Fähigkeit die Dinge mit dem Herzen zu betrachten, hat mich immer sehr beeinflusst und mein Leben bereichert.

In diesem Sinne ist auch dieses Buch geschrieben, dessen Entstehung sie leider nicht mehr erlebte.

Vorwort

Dieses Buch ist mit dem Ziel verfasst worden, die dem dynamischen Auftrieb zugrunde liegenden Gesetzmäßigkeiten möglichst anschaulich darzustellen. In den Fällen, in denen Zusammenhänge im mathematischen Formalismus dargestellt werden, sind diese meistens ausführlich kommentiert. Wenig Geübte in dieser Disziplin sollten sich nicht abschrecken lassen, wenn sie diese nur teilweise, oder gar nicht nachvollziehen können, da viele Grundprinzipien des dynamischen Auftriebsprinzips mit Abstrichen auch ohne die mathematischen Ausführungen verständlich erscheinen.

Für ein umfassendes Verständnis der hier betrachteten Strömungsmechanismen ist es allerdings notwendig, sich auch mit abstrakten mathematisch formulierten Strömungsmodellen auseinanderzusetzen. Hierzu gehört insbesondere das Modell der Potentialströmung, dem in dieser Abhandlung viel Aufmerksamkeit gewidmet wird.

Die Zielsetzung einer anschaulichen Darstellung beschränkt sich in diesem Buch nicht nur auf physikalische Themen, sondern bezieht auch mathematische Techniken, wie den Umgang mit komplexen Zahlen oder Techniken der Vektoranalysis mit ein.

Es wird in diesem Buch nicht angestrebt, hier eine derart umfassende Behandlung der Vielzahl aerodynamischer Aspekte von Auftriebsströmungen vorzunehmen, wie dies z. B. in Standardlehrbüchern über Strömungsphysik geschieht.

Gezielt werden nur die Aspekte betrachtet, die als elementar für das Grundverständnis erachtet werden und welche hier in einer besonders plakativen Art anhand vieler Gedankenmodelle beschrieben werden.

Die im Vergleich zu Standardlehrbüchern und vielen anderen sich mit dem Gebiet der Flugphysik befassenden Büchern, in diesem Buch sehr viel umfangreichere Darstellung ausgewählter Themen, oftmals mit speziell dafür erdachten Gedankenmodellen, erfordert allerdings in hohem Maße ein aktives Mitdenken.

Lässt man sich auf die hier mithilfe von Gedankenmodellen und Gedankenexperimenten vollzogenen Veranschaulichungen komplexer Zusammenhänge ein, so wird man damit belohnt, ein tiefer gehendes Verständnis für die Dinge zu bekommen!

Für Leser, die nur in der rein mathematischen Formelsprache zu Hause sind, ist dieses Buch nicht geeignet.

Der Mechanismus des dynamischen Auftriebs wird gerade in Schulbüchern zum Teil sehr mangelhaft dargestellt.

Für diejenigen, die damit anfangen sich für naturwissenschaftliche Dinge, insbesondere der Physik zu interessieren, sind anschauliche Erklärungsmodelle hilfreich.

Sie können motivierend wirken, selbst eigene Gedankenmodelle zu entwerfen, um so eine Vorstellung von Dingen zu erhalten, die ohne diese Modelle vielleicht als paradox erscheinen würden.

In der Forschung wird man immer wieder Beobachtungen machen die einem paradox erscheinen und welche den bisherigen Erkenntnissen der Welt widersprechen. Immer dann zahlt es sich aus geübt darin zu sein neue Modelle zu entwerfen, die in der Lage sind diese neuen Beobachtungen mit den alten in Einklang zu bringen.

https://doi.org/10.1515/9783111336282-201

Häufig findet die erste Auseinandersetzung mit den Strömungsphänomenen des dynamischen Auftriebs zu einem Zeitpunkt statt, an dem man bereits eine Vorstellung des Zusammenwirkens von Kräften und Beschleunigungen, also der newtonschen Physik bekommen hat. Man ist auf der Suche, wo in der Strömung eines „so nachgiebigen" Mediums wie z. B. Luft das newtonsche Prinzip erkennbar wird, dem zur Folge der Auftriebskraft entsprechend eine (wegen dem Prinzip Actio gleich Reactio) auf die vorbeiströmende Luft wirkende entgegengesetzt gerichtete Kraft existiert. Nach Newton muss diese Kraft wiederum bewirken, dass sie die Luft in eine der Auftriebskraft entgegengesetzte Richtung beschleunigt!

Der darauf folgende Gedankenschritt kann dann sein, sich bewusst zu machen, dass die Bewegungsmuster des Strömungsmediums, die diese Auftriebskraft hervorrufen, gleichbedeutend mit der Existenz von Druckdifferenzen in dem Strömungsmedium sind. Dass zu diesen Druckdifferenzen in dem Fall, in dem die Strömung als Potentialströmung (einfaches Strömungsmodell/ Kapitel Potentialströmung) angenähert werden kann, eine durch die Bernoulli-Gleichung beschriebene Abhängigkeit zu den Beträgen der Strömungsgeschwindigkeit besteht, ist für die Erkennung des kausalen Zusammenhangs von Strömungsdynamik und dynamischem Auftrieb nicht relevant. Häufig aber wird bei Erklärungen für das Zustandekommen einer Auftriebsströmung als Ursache gerade diese Relation von Druck zur Geschwindigkeit angegeben, wobei gewöhnlich zuvor versucht wird zu begründen, weswegen Geschwindigkeitsdifferenzen und damit Druckdifferenzen entstehen.

Von dem hier vertretenen Standpunkt aus werden bei Erklärungen dieser Art Ursache und Wirkung vertauscht!

Inkompressible potentialströmungsähnliche Auftriebsströmungen stellen einen großen Anteil der in der Praxis vorkommenden Auftriebsströmungen dar, sowohl bei von Menschen erdachten Maschinen als auch in der Natur. Der Vorsatz „inkompressibel" kennzeichnet, dass die Strömung unabhängig vom Druck an jeder Stelle den gleichen Wert besitzt.

Obwohl in diesem Buch vorwiegend inkompressible Strömungen betrachtet werden, soll hier erwähnt werden, dass ein Abstecher in den Bereich kompressibler Strömungen, bei denen die Dichte vom Druck abhängt (schallnahe Auftriebsströmungen oder Überschallauftriebsströmungen), nach dem Studium dieses Buches die Vorteile einer universell anschaulichen Betrachtungsweise zeigen wird. Demnach wird es dann leichter fallen eine Vorstellung davon zu erhalten, wo aufgrund der Strömungsdynamik Kräfte durch Beschleunigung von Anteilen des Strömungsmediums hervorgerufen werden. Anschaulich kann durch diese Herangehensweise ein wesentlicher Unterscheidungspunkt zwischen kompressiblen Strömungen und nicht kompressiblen Strömungen aufgezeigt werden. Dieser Unterschied besteht darin, dass prinzipiell bei Vernachlässigung von turbulenten so wie viskosen Reibungs- und induzierten Widerstandseinflüssen (siehe dazu die entsprechenden Kapitel), bei Ersteren keine Strömungsleistung (keine erforderliche Energie zufuhr), bei Letzteren aber im Falle, dass die Strömungsgeschwindigkeit größer ist als die Schallgeschwindigkeit, Strömungsleistung erforderlich ist, um eine Auftriebskraft zu generieren!

Eine hier getroffene Kernaussage bei der Veranschaulichung des dynamischen Auftriebsprinzips bei inkompressiblen Strömungen und bei kompressiblen Strömungen, deren Geschwindigkeitsbereich unter der Schallgeschwindigkeit liegt, besteht darin, dass der Auftriebskörper (abgesehen von vernachlässigbaren turbulenten Strömungsphänomenen) harmonisch umströmt wird (bildlich gesprochen, strömt das Medium ohne extreme Bewegungsmuster an den Strömungskörper heran und auch wieder „glatt" von ihm ab), wobei das Strömungsmedium in seiner unmittelbaren Umgebung umgelenkt wird.

Anschaulich ist bei dieser intuitiven Vorstellung, den Auftriebskörper als eine Art „Leitschaufel" der Strömung zu betrachten insbesondere die Vorstellung davon, dass bei einer Umlenkung von strömenden massebehafteten Volumenelementen des Strömungsmediums auf diese Volumenelemente im Bereich des Strömungskörpers Kräfte einwirken müssen. *Die Existenz solcher Kräfte wiederum bedeutet aufgrund der Newton'schen Kraftaxiome, dass eine dieser Umlenkrichtung entgegen gerichtete (am Auftriebskörper als Auftriebskraft bezeichnete) Kraft existiert.*

Es wird nach Herausarbeiten dieser Zusammenhänge schließlich gezeigt, wie mithilfe der Bernoulli-Gleichung abschätzbare quantitative Aussagen über physikalische Größen, (insbesondere der Auftriebskraft in Strömungen) gemacht werden können.

Die Motivation für die Auseinandersetzung mit diesem Thema ist die Faszination für das Fliegen. Sie entstand zum Teil aber auch aus der schlecht empfundenen Erklärung des dynamischen Auftriebs in Schulphysikbüchern und dem Bedürfnis danach, die Dinge besser verstehen zu wollen.

Die folgende Seite mit den sechs enthaltenen Bildern vermittelt einen ersten bildhaften Eindruck von dem Inhalt des Buches. Hierbei symbolisiert das erste Bild, wie durch Beschleunigung von Anteilen des Strömungsmediums eine Auftriebskraft generiert wird.

Die beiden Bilder darunter zeigen, wie sich die Geometrie eines Auftriebskörpers auf die seitliche energetisch verlustbehaftete Umströmung des Auftriebskörpers auswirkt (das Phänomen des induzierten Widerstands).

Das stilisierte Segelflugzeug darunter zeigt, in welche Richtung eine idealisierte geometrische Formgebung gehen sollte, um die energetischen Verluste, die durch den induzierten Widerstand hervorgerufen werden, zu minimieren.

Die drei Bilder unten in der Grafik skizzieren plakativ, das für das Verständnis des dynamischen Auftriebes sehr hilfreiche Modell der Potentialströmung.

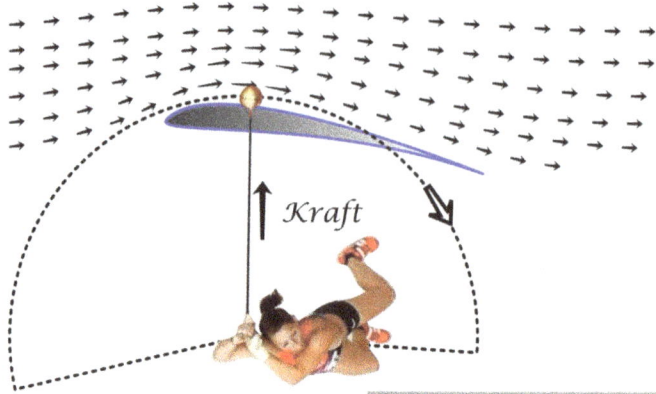

Kraft

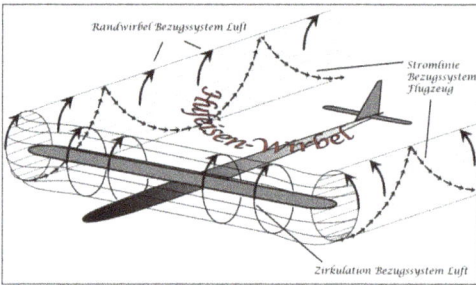

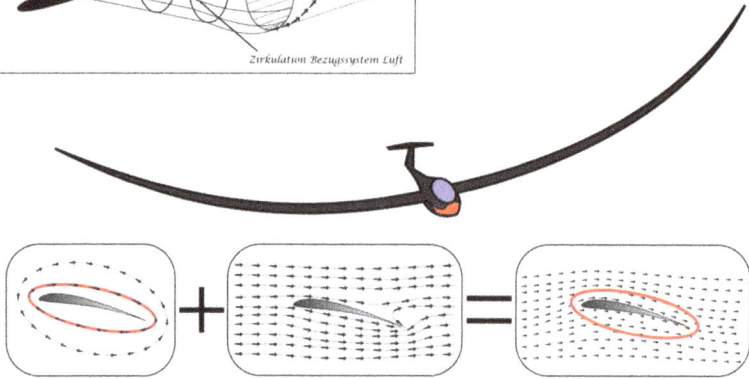

Danke

Alle Grafiken und Bilder mit Ausnahme des Bildes der Hammerwerferin Katrin Klaas, sind von Peter Neumeyer erstellt worden.

An dieser Stelle möchte ich mich bei Katrin Klaas dafür bedanken, dass ich Ihr Bild in diesem Buch veröffentlichen darf.

Reinheim den 20.6.2018

https://doi.org/10.1515/9783111336282-202

Inhalt

1 Dynamischer Auftrieb

Einleitung

Die Bezeichnung dynamischer Auftrieb bezieht sich darauf, dass die Ursache der Auftriebskraft auf einen sich in einem flüssigen oder gasförmigen Medium befindenden Körper, in der Dynamik dieses Mediums zu suchen ist.

In vielen Fällen kann für die zu betrachtenden Medien der Begriff des Fluides (das Strömungsmedium wird als Kontinuum aufgefasst) verwendet werden, dessen Bedeutung später noch genauer beschrieben wird, der aber an dieser Stelle schon verwendet wird.

Die Dynamik einer Strömung, in der Auftriebskräfte hervorgerufen werden, besteht in der Umströmung des Auftriebskörpers, wobei charakteristische den Auftrieb bestimmende Strömungsmuster diese Umströmung zu einer Auftriebsströmung machen.

Mit dynamischer Auftriebskraft wird eine an dem Strömungskörper senkrecht zu seiner Anströmrichtung wirkende Kraft bezeichnet, die von beschleunigten Fluidelementen hervorgerufen wird.

Bei der Erklärung des statischen Auftriebes genügt es, mit der von der Schwerkraft verursachten Aufeinanderlagerung von Fluidschichten zu argumentieren. Diese Aufeinanderlagerung ruft hervor, dass der statische Druck von oben nach unten zunimmt. Die Folge hiervon ist, dass die auf die Oberfläche der Körperunterseite wirkende vom statischen Druck verursachte nach oben gerichtete Kraft größer ist, als die auf die Oberfläche der Körperoberseite von dem dort herrschenden geringeren statischen Druck verursachte nach unten gerichtete Kraft. Hieraus kann schließlich das Archimedische Prinzip abgeleitet werden, nach dem die Auftriebskraft gerade dem Betrag der Gewichtskraft der von dem Körper verdrängten Masse entspricht (auf dieses Prinzip wird im Kapitel „die Bernoulli-Gleichung" noch einmal eingegangen).

Erreicht die daraus resultierende nach oben gerichtete auf einen Körper wirkende Auftriebskraft die Größe seiner nach unten gerichteten Gewichtskraft oder übersteigt sie diese, so schwebt dieser Körper im ersten Fall, da seine Gewichtskraft durch die resultierende Auftriebskraft kompensiert wird, oder aber er wird im zweiten Fall in die Höhe steigen, da die Auftriebskraft die Gewichtskraft übersteigt.

Um an einem Beispiel zu zeigen, wie man als heranwachsender Mensch versuchen kann, eine Anschauung des dynamischen Auftriebsprinzips zu bekommen, wird hier kurz das eigene Vorgehen beschrieben.

Neben den Flugerfahrungen erster Wurfgleiter, dem Vogelflug und der Pusteblume, war es als Kind ganz besonders beeindruckend, die an einem Flughafen startenden und landenden Maschinen zu beobachten, verbunden mit der Vorstellung davon, dass schwere aus Metall bestehende Flugzeuge, von der so flüchtigen und nachgebenden Luft getragen werden.

https://doi.org/10.1515/9783111336282-001

Nach den ersten Begegnungen mit der Physik und der damit entstehenden Vorstellung von Kräften und Beschleunigungen, wurde eine Erklärung für das Zustandekommen des sogenannten dynamischen Auftriebes zurechtgebastelt.

Vermerk: Das Thema betreffend existiert auf dem YouTube-Kanal des Autors ein Video über ein von ihm komponiertes Liede, „Der Traum vom Fliegen". In diesem Lied, wird einerseits die Faszination der Fliegerei, als auch die oftmals sehr schlechten Erklärungen in Schulbüchern den Auftriebsmechanismus betreffend besungen.

Schrottheorie

Es folgt nun eine Schilderung der damaligen, den dynamischen Auftrieb betreffenden Erklärungsversuchen als Heranwachsender.

Bei dem ersten erdachten Modell für das Zustandekommen des dynamischen Auftriebes war nicht bekannt, dass dieses Modell schon in der Literatur als Erklärungsmodell des dynamischen Auftriebes unter der Bezeichnung Schrottheorie existierte. Bei diesem sehr einfachen primitiven Modell, wird das Strömungsmedium durch viele gleichmäßig im Raum verteilte schwebende, massebehaftete kleine Kugeln dargestellt. Diese Kugeln werden von einem sich auf sie zu bewegenden zu einer Platte stilisierten Flügel einfach bei dem Zusammenstoßen nach unten abprallen. Damit die Kugeln nach unten abprallen, muss diese Platte so wie auf Bild 1.1 zu sehen ist, schräg zu ihrer Bewegungsrichtung mit dem als Anstellwinkel bezeichneten Winkel a ausgerichtet sein.

Mit der Veranschaulichung von *nach unten beschleunigten Kugeln* und dem sich Bewusst machen des damit verbunden Prinzips *von* Actio gleich Reactio, „erfährt der Flügel und die erste Vorstellung vom Wesen des Fliegens dann eine Kraft" (Bild 1.1).

Einhergehend mit dem sich entwickelnden Bewusstsein vom Begriff der Energie, erwuchs die Einsicht, dass man den pro Zeit für den Auftrieb erforderlichen Energieaufwand welcher darin bestand allen ankommenden Kugeln bei dem Abprallen eine Geschwindigkeit zu erteilen, verringern kann.

Nach dem Newton'schen Kraftgesetz entspricht die durchschnittlich an dem Flügel hervorgerufene Kraft dem durchschnittlichen Impuls, der den Kugeln pro Zeit erteilt wird. Das bedeutet, dass die Größe der an dem Flügel hervorgerufenen Auftriebskraft proportional zu dem Produkt aus der Zahl der von dem Flügel zeitlich erfassten Kugeln und der Abprallgeschwindigkeit dieser Kugeln ist. (Bei dieser Sichtweise werden der Einfachheit halber nur vertikale Geschwindigkeitskomponenten der abgeprallten Kugeln betrachtet, da bei flachen Anstellwinkeln die horizontalen Komponenten vernachlässigbar sind.)

Für das Hervorrufen einer bestimmten Auftriebskraft besteht dabei kein Unterschied, ob viele Kugeln mit dafür geringer vertikaler Geschwindigkeit oder wenige Kugeln mit dafür hoher vertikaler Geschwindigkeit an dem Flügel abprallen.

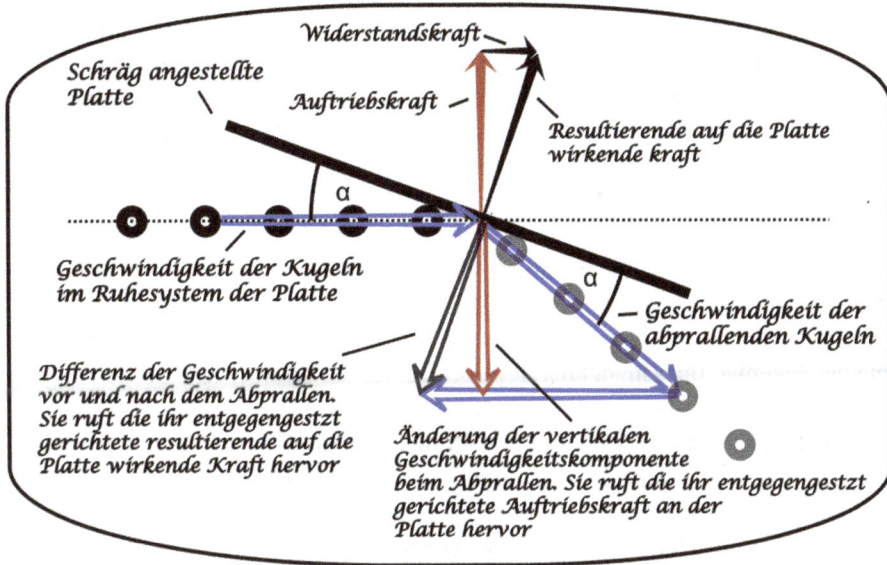

Die Beschriftungen der Abbildung:

- Schräg angestellte Platte
- Widerstandskraft
- Auftriebskraft
- Resultierende auf die Platte wirkende kraft
- α
- Geschwindigkeit der Kugeln im Ruhesystem der Platte
- α
- Geschwindigkeit der abprallenden Kugeln
- Differenz der Geschwindigkeit vor und nach dem Abprallen. Sie ruft die ihr entgegengestzt gerichtete resultierende auf die Platte wirkende Kraft hervor
- Änderung der vertikalen Geschwindigkeitskomponente beim Abprallen. Sie ruft die ihr entgegengestzt gerichtete Auftriebskraft an der Platte hervor

Abb. 1.1: Das Schrottmodell.

Die durchschnittlich pro Zeit aufzubringende Energie um eine bestimmte Anzahl von Kugeln auf eine bestimmte Geschwindigkeit zu beschleunigen ist dagegen proportional zu dem Produkt aus der durchschnittlichen Anzahl der von dem Flügel erfassten Kugeln und dem Quadrat der den Kugeln hierbei erteilten Geschwindigkeit.

Bei gleichbleibender an dem Flügel hervorgerufener Auftriebskraft, kann die hierfür erforderliche Energie die benötigt wird um die Kugeln vertikal nach unten zu beschleunigen also beliebig verringert werden, wenn dadurch erreicht wird, dass pro Zeit beliebig viele Kugeln von dem Flügel erfasst werden.

Eine Erhöhung der pro Zeit nach unten beschleunigten Kugeln erreicht man einfach durch eine Erhöhung der Fluggeschwindigkeit, da dann mehr Kugeln pro Zeit gegen den Flügel prallen. Damit deren vertikale Geschwindigkeitskomponenten entsprechend kleiner werden, ist eine Reduzierung des Anstellwinkels erforderlich.

Die Energieeinsparung bei z. B. doppelter Geschwindigkeit der Platte offenbart sich dann folgendermaßen: Das Produkt aus der nun doppelt so hohen Anzahl der nach unten beschleunigten Kugeln pro Zeit, bei Halbierung der nun nur noch halb so großen erforderlichen Abprallgeschwindigkeit bleibt gleich groß, weshalb sich an der Auftriebskraft nichts ändert.

Die den doppelt so vielen Kugeln pro Zeit zuzuführende Energie entspricht pro Kugel aufgrund der bestehenden Abhängigkeit der Energie einer Kugel zum Quadrat der Geschwindigkeit verglichen mit den doppelt so schnellen Kugeln jetzt nur noch einem Viertel der Energie, sodass die insgesamt pro Zeit zugeführte Energie aufgrund der Verdoppelung der Zahl der pro Zeit erfassten Kugeln auf die Hälfte sinkt.

Das Prinzip Energie zu sparen, in dem vorgezogen wird mehr Masse mit dafür weniger Geschwindigkeit zu beschleunigen um damit eine vergleichbar große Kraft hervorzurufen, kann man bei der Entwicklung moderner Verkehrsflugzeuge beobachten.

Deren Triebwerksfandurchmesser sind im Vergleich zu früheren Modellen sehr groß, um eine große Menge Luft mit dafür weniger Geschwindigkeit bei gleichbleibendem Schub nach hinten zu beschleunigen.

Auch in der Natur kann man dieses Prinzip wiederfinden.

Der Tintenfisch beschleunigt auf der Flucht vor Feinden, indem er einen Wasserstrahl nach hinten ausstößt. Die für die Beschleunigung des Wasserstrahles erforderliche Kraft verursacht die Gegenkraft, die den Tintenfisch in die gewünschte Fluchtrichtung beschleunigt. Um seinen Energieverbrauch für die erforderliche Beschleunigung des Wasserstrahls zu verringern, ist der Strahl gepulst, was zur Folge hat, dass aufgrund der Ausbildung von Ringwirbeln um den Strahl herum auch Wassermassen außerhalb des Strahls mit beschleunigt werden, wodurch wiederum eine Erhöhung der beschleunigten Masse erreicht wird.

Das Schrottmodell ist eine sehr starke Vereinfachung, da in einer realen Strömung die Moleküle oder Atome des Strömungsmediums sich nicht wie unabhängige Teilchen verhalten, sondern sehr stark miteinander wechselwirken. Dieser Tatsache wird das Modell des Fluides gerecht, das eine sehr komplizierte Beschreibung der Wechselwirkung nahezu unendlich vieler Massepunkte umgeht, in dem das Strömungsmedium als Kontinuum aufgefasst wird, sodass nicht mehr einzelne Teilchen wie z. B. Moleküle oder Atome betrachtet werden, sondern infinitesimal kleine Volumenelemente mit den ihnen zugeordneten physikalischen Eigenschaften von. Druck, Masse, Geschwindigkeit, Viskosität, Kompressibilität.

Eine wichtige hier zunächst vorweggenommene, später in diesem Buch jedoch ausführlich beschriebene Eigenschaft solch eines Fluides ist es, dass im Falle einer Auftriebsströmung um einen Auftriebskörper unendlicher Spannweite bei einer Strömungsgeschwindigkeit die weit unterhalb der Schallgeschwindigkeit liegt, im Idealfall *keinerlei Energie zuzuführen ist*, um den Auftrieb aufrechtzuerhalten.

Nur eine einmalig bei der Entstehung des Auftriebes aufzubringende Energie für den sogenannten Anfahrwirbel und die Erzeugung einer Zirkulationsströmung um den Flügel, ist unter solchen Umständen erforderlich.

Hier besteht somit ein grundlegender *Unterschied zum Schrottmodell, welches eine ständige Energiezufuhr zur Auftriebserhaltung impliziert.*

Die in der Strömungsphysik entwickelten Modelle zur mathematischen Strömungsbeschreibung beruhen nur auf Newton'scher Mechanik oder zusätzlich auf klassischen thermodynamischen Gesetzen, wobei Letztere auch als statistische Beschreibung Newton'scher Mechanik, angewendet auf unendlich viele Teilchen angesehen werden kann. Die Vereinfachung, ein Fluid als Kontinuum aufzufassen, ist immer dann gerechtfertigt, wenn die mittlere freie Weglänge der Fluidteilchen (Moleküle und Atome) derart klein ist, *sodass auf dieser Längenskala Änderungen der physikalischen Größen vernachlässigbar sind.*

Die Gesetzmäßigkeiten solch eines Fluides werden durch Differentialgleichungen beschrieben, in denen der Impulserhaltungssatz, der Energieerhaltungssatz und der Massenerhaltungssatz erfüllt sein müssen.

Diese mathematische Beschreibung wird zusammenfassend als Navier-Stokes-Gleichung bezeichnet.

Im Hinblick auf Überschallströmungen besteht zusätzlich die Notwendigkeit, hier den zweiten Hauptsatz der Thermodynamik zu berücksichtigen, um anhand der thermodynamischen Zustandsgröße Entropie zu entscheiden, welche Lösungen der Gleichungen in der Realität existieren.

Nimmt man weitere Vereinfachungen vor, in dem man Wärmeleitung ausschließt, in dem man das Fluid als inkompressibel betrachtet, was in guter Näherung bei Strömungsgeschwindigkeiten die weniger als die Hälfte der Schallgeschwindigkeit ausmachen zulässig ist und in dem man annimmt, dass Isotropie vorliegt, d. h., dass man davon ausgeht, dass die physikalischen Eigenschaften des Fluides in jede Richtung gleich sind, so vereinfacht sich das für dieses als Newton'sche Flüssigkeit bezeichnete Fluid zugehörige Differentialgleichungssystem. Die Energiegleichung kann in dem Fall unberücksichtigt bleiben, sodass das verbleibende Gleichungssystem nur noch auf der Impulserhaltung und der Massenerhaltung beruht.

Aufgrund ihrer Bedeutung in der Strömungsphysik, werden diese beiden Teile der Navier-Stokes-Gleichung hier der Vollständigkeit halber kurz in der kartesischen Darstellung erläutert. In den weiteren Ausführungen dieses Skriptes wird sie nur noch am Rande erwähnt werden, weshalb sie im Hinblick auf jene Leser die ungeübt in den Techniken der physikalisch mathematischen Ausdrucksform sind, kein Hindernis darstellt den weiteren Ausführungen zu folgen.

Anmerkung: Ein vorangestelltes Symbol ∂ bedeutet, dass eine den mathematischen Ausdruck beschreibende Größe sich um einen infinitesimal kleinen Wert ändert, wobei alle anderen Größen sich nicht ändern. Ein vorangestelltes d bedeutet hingegen, dass sich nicht nur die nachfolgende Größe um einen infinitesimal kleinen Wert ändern darf, sondern auch alle anderen Größen.

Mit den die Schreibweise verkürzenden beiden Differentialoperatoren, Nabla-Operator $\vec{\nabla} = ((\frac{\partial}{\partial x})e_x, (\frac{\partial}{\partial y})e_y, (\frac{\partial}{\partial z}))e_z$ und Laplace-Operator $\Delta = ((\frac{\partial^2 f}{\partial x^2}) + (\frac{\partial^2 f}{\partial y^2}) + (\frac{\partial^2 f}{\partial z^2}))$ (f ist eine beliebige zweimal differenzierbare skalare Funktion des Raumes) stellt das Gleichungssystem (1.0) und (1.1), die Navier-Stokes-Gleichung, ohne Energiegleichung dar [1].

Man hat es jetzt also nicht mehr mit nahezu unendlich vielen Teilchen und deren Geschwindigkeitswerten und Massen zu tun, sondern nur noch mit den Größen $v(x,t)$ (zeitliche Abhängigkeit der drei Geschwindigkeitskomponenten **v** von den 3 Ortskoordinaten **x**, deren vektorieller Charakter durch Buchstaben in fetter Schrift gekennzeichnet sind), und dem Wert $P(x,t)$ (Abhängigkeit des Druckes P von Ort **x** und Zeit t) sowie zweier dass Fluid kennzeichnende Stoffkonstanten für die Dichte (ρ) und für die kinematische Viskosität (ν). Hierbei stellt die Viskosität ein Maß für die entstehenden

Reibungskräfte, zweier aneinander vorbeiströmenden Fluidschichten dar (siehe Kapitel Reduzierung des Strömungswiderstandes), während die kinematische Viskosität definiert ist, als Quotient aus Viskosität und Dichte.

Des Weiteren ist die Kenntnis eines Satzes von Randbedingungen erforderlich, die sich aus der Form des umströmten Körpers mit den auf dessen Rändern anzugebenden Werten, von der dort existierenden Geschwindigkeit, von dem dort herrschenden Druck und der Oberflächenbeschaffenheit ergeben.

Anschaulich stellt der auf der Impulserhaltung beruhende Ausdruck (1.0) der Navier-Stokes-Gleichung die Beschleunigung eines Volumenelementes (linke Seite der Gleichung), in Abhängigkeit von einer aus Viskosität und Geschwindigkeit herrührenden Reibungskraft (erster Term rechte Seite der Gleichung) und einer vom Druckgradienten herrührenden Kraft (zweiter Term rechte Seite der Gleichung) dar. Externe Krafteinwirkung von außen, beispielsweise der Einfluss der Schwerkraft als Funktion von Ort und Zeit wird durch den Ausdruck $\mathbf{f}(\mathbf{x}, t)$ beschrieben.

Spielt viskose Reibung keine Rolle, was in den meisten hier behandelten Beispielen zutrifft, so fällt in Gleichung (1.0) der Reibungsterm $\nu\Delta v$ weg, womit das verbleibende Gleichungssystem dann als Euler-Gleichung bezeichnet wird. Gleichung (1.1) wird als Kontinuitätsgleichung bezeichnet und drückt das Massenerhaltungsgesetz aus, dass bei einer inkompressiblen Strömung ohne Zufuhr (Quellen) oder Abfuhr (Senken) diese Form annimmt:

$$\frac{\partial}{\partial t}v + (v \cdot \nabla)v = \nu\Delta v - \frac{1}{\rho}\nabla P + f(x, t), \tag{1.0}$$

$$\nabla v(x, t) = 0. \tag{1.1}$$

Selbst diese, die Eigenschaften eines Fluides sehr vereinfachenden Gleichungen offenbaren eine elementare Eigenschaft von Strömungsvorgängen.

Es ist die Eigenschaft chaotische Bewegungsmuster hervorbringen zu können, mit den daraus resultierenden beschränkten Möglichkeiten einer präzisen Beschreibung von Strömungsvorgängen.

Anmerkung: Der Aktualität der Klimadebatte geschuldet, sei an dieser Stelle vermerkt, dass das Wesen des Chaos bei der numerischen Berechnung der ersten ganz einfachen zum großen Teil auf der Navier-Stokes-Gleichung beruhenden Wettermodelle entdeckt wurde.

Greift man nur bestimmte besondere Strömungssituationen auf, in denen turbulente Bewegungsformen nicht existieren, so erhält man präzise geschlossene Lösungen (Lösungen ohne notwendige Näherungsverfahren) der Navier-Stokes-Gleichung, die im hier betrachteten Fall mit unendlich ausgedehnten Rändern (der Berechnungsraum wird nicht beispielsweise durch Rohrwände eingeschränkt) stationär sind (das Geschwindigkeitsfeld der Strömung ändert sich nicht mit der Zeit, d. h. an jedem Ort der Strömung bleibt die Richtung und der Betrag der Geschwindigkeit konstant). Des

Weiteren kann man bei dem Ausklammern von bestimmten Strömungszuständen z. B. durch die Annahme von Wirbelfreiheit, die das Fluid beschreibenden Differentialgleichungen weiter vereinfachen. Beispiele dafür sind die hier noch ausführlich zu behandelnde vereinfachte Darstellung einer Strömung als Potentialströmung und der damit einhergehenden Gültigkeit der Bernoulli-Gleichung, die unter solch vereinfachten Bedingungen eine Relation zwischen Druck und Geschwindigkeit herstellt.

Im weiteren Verlauf wird gezeigt, dass es mithilfe der gezielten Ausblendung von komplexen Strömungsmustern gelingt, den Mechanismus des dynamischen Auftriebes isoliert zu betrachten und verblüffend einfach darzustellen.

Das grundlegende Prinzip des Auftriebes jedoch findet man sowohl in dem primitiven Schrottmodell als auch in allen anderen ausgefeilten Modellen, welche die Strömung um einen Auftriebskörper beschreiben. Man findet es bei inkompressiblen, kompressiblen (Geschwindigkeiten im Bereich etwa der halben Schallgeschwindigkeit bis zum Überschall), oder bei Flügen in sehr großen Höhen bei niedrigsten Dichten, in denen das Schrottmodell aufgrund der dann sehr hohen Abstände der Moleküle eine gewisse Gültigkeit erlangt.

Dieses grundlegende Prinzip besteht in einer, **der Auftriebskraft des Strömungskörpers entgegengerichteten Beschleunigung des Fluides im Bereich des Auftriebskörpers**.

Es zeigt ganz plakativ wo sich in der Auftriebsströmung das Newton'sche Gesetz offenbart, wonach jede Kraft, also auch die am Strömungskörper angreifende Auftriebskraft eine Gegenkraft, dem Newton'schen Prinzip „Actio gleich Reactio" erzeugt. Diese Gegenkraft greift an dem Strömungsmedium an und ruft die oben beschriebene Beschleunigung von Teilen des Strömungsmediums im Bereich des Auftriebskörpers in die entgegengesetzte Richtung der Auftriebskraft hervor.

An dieser Stelle des Buches werden vorab der diesbezüglich detailliert zu betrachtenden strömungstechnischen Überlegungen ein paar grundlegende Gedanken die Energiebilanz des dynamischen Auftriebes betreffend eingeflochten.

Es wird sich zeigen, dass bei inkompressiblen und bei kompressiblen Unterschallströmungen, jedoch *vor* und *hinter* dem Auftriebskörper eine Beschleunigung des Fluides nicht in einer der Auftriebskraft entgegengesetzten Richtung, sondern in einer ihr gleichgerichteten Richtung existiert.

Diese Eigenschaft ergibt sich aus der Tatsache, dass es sich um eine stationäre Strömung handelt, deren kinetische Gesamtenergie sich nicht ändert. Daraus ergibt sich aber die Konsequenz, dass weit vor und weit hinter dem Strömungskörper kein Einfluss auf das Strömungsmedium mehr existiert. Letztere Eigenschaft der Strömung, bedingt, dass sich die Summe der beschleunigten Fluidelemente, die in der Nähe vor und hinter dem Auftriebskörper in Richtung der Auftriebskraft beschleunigt werden und die im Bereich des Auftriebskörpers entgegengesetzt zur Auftriebskraft beschleunigt werden aufheben müssen.

Diese Konsequenz, der durch die physikalischen Gesetzmäßigkeiten miteinander korrespondierenden Fluidelemente, kann anschaulich als ein Bewegungsmuster gedeutet werden, dass einer Reflexion der im Bereich des Auftriebskörpers beschleunigten Fluidelementen an dem gesamten „Fluidmeer" (die gesamte Masse des Strömungsmediums) und der ebenfalls damit verbundenen Impulsabgabe an das gesamte Fluidmeer entspricht. Die Masse des Fluidmeeres erscheint hierbei im Vergleich zu der Masse der beschleunigten Fluidelemente im Bereich des Auftriebskörpers, als unendlich groß.

Ein einfaches Gedankenexperiment, welches dem Handballsport nachempfunden ist, stellt eine Analogie zu solch einem dynamischen Auftriebsmechanismus her, womit man in der Lage ist, eine erste grobe Veranschaulichung diesbezüglich zu erfahren.

Es handelt sich dabei um einen idealisierten Handballspieler, dessen Sehnen in der Lage sind verlustfrei Dehnungsenergie zu speichern und wieder abzugeben. Der Spieler schlägt ständig ohne dabei Energie aufzuwenden, den vom Boden abprallenden Ball wieder nach unten auf den Boden. Analog zu der Betrachtung der Verhältnisse im Fluidmeer, heben sich die zeitlich gemittelten Beschleunigungen des Balles auf.

Der von dem Spieler bei jedem Schlag an den Ball übertragene Impuls, wird letztendlich auf den Boden übertragen. Betrachtet man diesen Vorgang aus der Sicht Newtons, so erfährt der Handballspieler zeitlich gesehen eine durchschnittliche Auftriebskraft, wobei er wenn Reibungsverluste nicht berücksichtigt werden hierfür **keinerlei Energie aufwenden muss**.

Lediglich bei Beginn des den Ball nach unten Schlagens ist einmalig eine Energie des Handballspielers aufzubringen um dem Ball die dafür einmalig erforderliche kinetische Energie zuzuführen. Analog hierzu korrespondiert die später in dem Buch thematisierte aufzuwenden Energie des bei der Erzeugung von dynamischem Auftriebtrieb erforderlichen „Anfahrwirbels" (siehe Kapitel Anfahrwirbel).

Die Impulsänderung des Balls pro Schlag beträgt bei einer Ballgeschwindigkeit v und einer Masse m den Wert $2mv$, da der Ball pro Schlag zunächst vom Boden nach oben fliegend auf die Geschwindigkeit null abgebremst wird um dann wiederum auf die entgegengesetzt gerichtete Geschwindigkeit beschleunigt wird.

Bei genügend hoher Schlagkraft, könnte der Handballspieler damit sogar die Gravitationskraft überwinden und durch den Raum fliegen.

Bei der Beschreibung der grundlegenden Mechanismen von vielen uns im Alltag begegnenden Phänomenen des dynamischen Auftriebes, kann man die Reibung vernachlässigen. Das diesbezüglich zugrundeliegende Kriterium in einer Newton'schen Flüssigkeit, ist die Reynolds-Zahl (Erläuterung Reynolds-Zahl im Kapitel Ähnlichkeitstheorie), weshalb das im weiteren Verlauf gebrauchte sehr nützliche Modell der Potentialströmung, bei zusätzlicher Annahme von Wirbelfreiheit (siehe Kapitel Wirbel Zirkulation Auftrieb) der Strömung, in solch einem Fall verwendet werden kann.

Bernoulli-Gleichung

Anmerkung: die Ausführungen des Kapitels Bernoulli-Gleichung sind teilweise sehr komplex und detailliert. Weniger Geübte auf dem Gebiet der Mathematik sollten sich hier nicht abschrecken lassen. Für das weitere Verständnis des Buches genügt es die Gedanken bis zum Bild 1.2 nachverfolgen zu können.

Infolge der weiteren Ausführungen, wird die Bernoulli-Gleichung sehr hilfreich sein, um quantitative Zusammenhänge zu beschreiben, die in einer Potentialströmung zwischen den am umströmten Körpern angreifenden Kräften, und den in der Strömung existierenden Geschwindigkeiten bestehen.

Die Bernoulli-Gleichung stellt eine Anwendung des Energieerhaltungssatzes, in einer stationären Strömung dar.

Die Fluktuationen von Strömungsmustern, die man z. B. von turbulenten Strömungen her kennt, existieren in solch einer Strömung nicht. Das bedeutet dass die Bahnkurven von allen Volumenelementen die durch ein und denselben Raumpunkt verlaufen, immer gleich sind. Die Geschwindigkeitsvektoren eines sich in dem Fluid bewegenden Volumenelementes sind immer tangential zu der in einer stationären Strömung mit Stromlinie bezeichneten Bahnlinie ausgerichtet.

Betrachtet man die Energie eines Volumenelementes an verschiedenen Stellen einer Strömung, so wird die Summe aus der Energie des Volumenelementes und der dazu korrespondierenden Energie des gesamten Fluides (das betrachtete Volumenelement ausgenommen) aufgrund des Energieerhaltungssatzes immer gleich sein. Letzteres gilt soweit natürlich auch für Strömungen, die nicht der Einschränkung unterliegen, stationär zu sein.

Die Energie des Volumenelementes setzt sich bei dem Nichtvorhandensein von äußeren Kräften aus seiner kinetischen Energie und seiner inneren Energie zusammen. Hierbei wird als innere Energie die gesamte in dem Volumenelement vorhandene für thermodynamische Umwandlungsprozesse bereitstehende Energie bezeichnet. Die innere Energie des Volumenelementes wird sich ändern, wenn sich der Druck im Laufe seiner Bewegung in dem Fluid ändert. Nimmt hierbei der Druck zu, so wird das Volumenelement komprimiert, wobei sich seine Temperatur und damit auch seine innere Energie erhöht (man kennt diesen Effekt vom Aufpumpen eines Fahrradreifens und der damit verbundenen Erhitzung der Luftpumpe).

Umgekehrt wird sich bei einer Druckabnahme das Volumenelement ausdehnen, was mit einer Verringerung seiner Temperatur und seiner inneren Energie verbunden ist.

Auch durch Wärmeleitung aufgrund bestehender Temperaturunterschiede zwischen dem Volumenelement und dem es umgebenden Strömungsmediums, ändert sich die innere Energie. Von Wärmeleitungseffekten und ebenso von viskosen Reibungskräften, welche die kinetische Energie des Volumenelementes entlang seiner Bahn beeinflussen, soll hier allerdings abgesehen werden.

Bei der Betrachtung von stationären Strömungen ist eine Beschreibung der Änderung der Energie des Fluides, in Abhängigkeit von der Änderung der Position des Volumenelementes auf der Stromlinie durch Kenntnis des Druckfeldes, also der räumlich in dem Strömungsgebiet vorhandenen Druckverteilung möglich.

Auf dieser Gesetzmäßigkeit leitet sich wie nachfolgend ausführlich erläutert wird, die Bernoulli-Gleichung ab.

Neben der Zufuhr oder der Abfuhr von innerer Energie aufgrund von Kompression oder Dekompression des Fluidelementes, kann man sich die einem Volumenelement entlang einer Stromlinie von dem Fluid zugeführte oder abgeführte Energie als Summe unendlich vieler infinitesimaler Arbeitseinheiten vorstellen. Es werden dabei infinitesimale Weglängen entlang einer Stromlinie betrachtet, auf denen der Druckgradient als konstant angesehen werden kann. Jede einzelne Arbeitseinheit besteht dabei aus dem Produkt einer von dem Druckgradienten an der Oberfläche des Fluidvolumens hervorgerufenen Kraft und der hierbei zurückgelegten infinitesimalen Weglänge entlang der Stromlinie (Bild 1.2).

Die verantwortlichen Mechanismen für die an dem Volumenelement hervorgerufenen Kräfte sind die gleichen wie bei dem statischen Auftriebsprinzip, wonach eine Kraft an einem Körper hervorgerufen wird, wenn ein Druckgefälle in dem ihn umgebenden Medium existiert. Die Stärke dieser Kraft verhält sich dabei proportional zu dem Produkt aus diesem Druckgefälle und dessen Volumen.

Aufgrund der Energieerhaltung muss die Summe aus der Gesamtenergie des betrachteten Volumenelementes und der Energie des gesamten es umgebenden Fluides konstant sein. Anders ausgedrückt bedeutet dies, dass alle dem Fluidelement zugeführten oder abgeführten Energiebeträge und die dem umgebenden Fluides zugeführten oder abgeführten Energiebeträge immer in der Summe gleich null sind. Somit wird eine Gleichung existieren, die dies ausdrückt.

Bernoulli ist der Erfinder dieser Gleichung, die in einer Strömung eine Relation vom Druck zur kinetischen Energie eines Volumenelementes und damit zu der Geschwindigkeit herleitet.

Es sei hier vorweggenommen, dass der Zusammenhang in einer kompressiblen, reibungsfreien, nicht wärme leitenden Strömung darin besteht, dass die Summe aus der spezifisch auf die Masse bezogenen kinetischen Energie, dem Druck, der spezifisch auf die Masse bezogenen inneren Energie und der thermodynamischen spezifisch auf die Masse bezogenen Zustandsgröße Enthalpie h, auf einer Stromlinie immer gleich ist [1].

Wird die Möglichkeit innere Energie auf- oder abzugeben durch die Annahme von Inkompressibilität ausgeschlossen, so besteht der im Jahre 1738 zum ersten Mal von D. Bernoulli[1] in der nach ihn benannten Gleichung formulierte Zusammenhang, dass

---

1 Daniel Bernoulli (* 29. Januar 1700 in Groningen; † 17. März 1782 in Basel) war ein Schweizer Mathematiker und Physiker aus der Gelehrtenfamilie Bernoulli.

die *Summe aus dem statischen Druck P und dem mit Staudruck bezeichnete Ausdruck* $\frac{1}{2}\rho \cdot v^2$, *in einem stationären, inkompressiblen, reibungslosen Fluid, immer konstant ist.*

Diese für die Strömungsmechanik bedeutenden Zusammenhänge werden in den folgenden Ausführungen veranschaulicht.

Zunächst wird eine Erklärung des Sachverhaltes bei inkompressiblen Strömungen gegeben.

Hierzu stelle man sich einen infinitesimal kleinen Würfel vor.

Die Druckdifferenzkraft setzt sich zusammen aus dem Produkt vom Volumen des Würfels und dem Druckgradienten. Der Druckgradient stellt hierbei den Vektor dar, der in die Richtung der stärksten Änderung des Druckes pro zurückgelegten Weg zeigt.

Die dem Volumenelement zugeführte Bewegungsenergie entspricht gerade dem Wert der von dem Würfel durchlaufenen Druckdifferenz, multipliziert mit dem Würfelvolumen. Daraus folgt mit den Größen Druck P, Geschwindigkeitsbetrag v und der Dichte ρ die Bernoulli-Gleichung $\boxed{P + \frac{1}{2}\rho \cdot v^2 = \text{Konstant}}$.

Diese Überlegungen einschließlich der Veranschaulichung in (Bild 1.2) gelten zunächst nur für die Bewegung eines Volumenelementes entlang einer Stromlinie. Es kann aber mithilfe der Vektoranalysis gezeigt werden [1], dass in einer reibungsfreien Flüssigkeit, in der keine Wirbel existieren diese Einschränkung nicht mehr existiert. Das heißt in einer Potentialströmung die diese Bedingungen erfüllt, kann man bei Kenntnis des Druckfeldes mithilfe der Bernoulli-Gleichung die Geschwindigkeit an jedem Ort der Strömung angeben.

Eine Möglichkeit sich diesen Sachverhalt zu veranschaulichen besteht darin sich zu vergegenwärtigen, dass in diesem Fall eindeutig zu jedem Druckwert ein bestimmter Geschwindigkeitswert gehören muss. Bewegt man sich im Raum somit auf einer beliebigen Bahn, so erhält man zu jedem Druckwert den eindeutig dazu gehörenden Geschwindigkeitswert. Es werden die Änderungen der Druckwerte pro infinitesimal zurückgelegter nicht zwangsweise auf einer Stromlinie liegenden Wegstrecke betrachtet $\partial S = (e_x \partial x + e_y \partial y + e_z \partial z)$. Der Ausdruck für die Änderung des Druckes pro Strecke wird dann durch das Vektorfeld ∇P ausgedrückt. Startet man von einem Punkt A im Raum an dem der Druck P_A herrscht und bewegt sich auf einem beliebigen Weg zu Punkt B, so muss der (aufgrund der Aufsummierung aller sich pro Wegstrecke $(e_x \partial x + e_y \partial y + e_z \partial z)$ ergebenden Druckänderungen) in Punkt B ermittelte Druck P_B, der durch das Wegintegral $P_B = P_A + \int_A^B \nabla P dS$ ausgedrückt wird, unabhängig von dem Weg sein, da es sonst keine eindeutige Abhängigkeit vom Druck zu Geschwindigkeit gegeben hätte. Diese Eigenschaft eines aus einer skalaren Größe durch Differentiation hervorgehenden Vektorfeldes, wie es beispielsweise durch ∇P repräsentiert wird, bezeichnet man als konservatives Vektorfeld. Wird die Differentiation bei der Bernoulli-Gleichung $(P + \frac{1}{2}\rho \cdot v^2 = \text{konstant})$ ausgeführt, so erhält man den Ausdruck $\frac{1}{\rho}\nabla P = \vec{v}$. Dem zur Folge muss das Geschwindigkeitsfeld in dem Falle, in dem die Bernoulli-Gleichung nicht nur auf die Stromlinien begrenzt gültig ist, *ebenfalls ein konservatives Vektorfeld darstellen* (im wei-

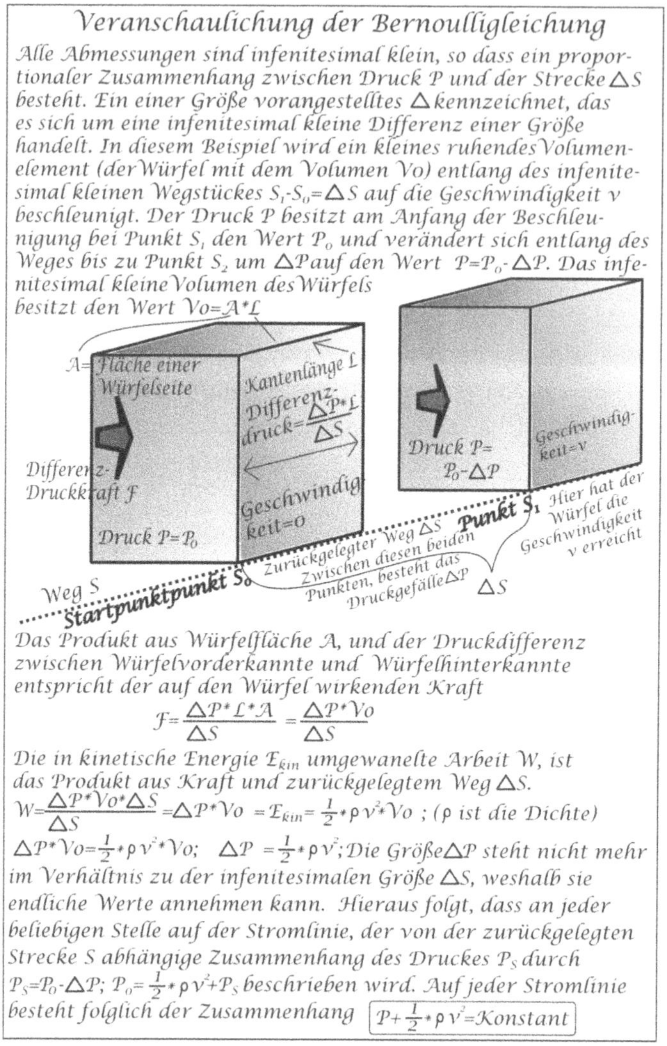

Veranschaulichung der Bernoulligleichung

Alle Abmessungen sind infenitesimal klein, so dass ein proportionaler Zusammenhang zwischen Druck P und der Strecke $\triangle S$ besteht. Ein einer Größe vorangestelltes $\triangle$ kennzeichnet, das es sich um eine infenitesimal kleine Differenz einer Größe handelt. In diesem Beispiel wird ein kleines ruhendes Volumenelement (der Würfel mit dem Volumen Vo) entlang des infenitesimal kleinen Wegstückes $S_1 - S_0 = \triangle S$ auf die Geschwindigkeit v beschleunigt. Der Druck P besitzt am Anfang der Beschleunigung bei Punkt S_1 den Wert P_0 und verändert sich entlang des Weges bis zu Punkt S_2 um $\triangle P$ auf den Wert $P = P_0 - \triangle P$. Das infenitesimal kleine Volumen des Würfels besitzt den Wert $Vo = A * L$

$A =$ Fläche einer Würfelseite

Kantenlänge L

Differenzdruck $= \dfrac{\triangle P * L}{\triangle S}$

Differenz-Druckkraft F

Geschwindigkeit $= 0$

Druck $P = P_0$

Druck $P = P_0 - \triangle P$

Geschwindigkeit $= v$

Weg S

Startpunktpunkt S_0

Zurückgelegter Weg $\triangle S$

Punkt S_1

Hier hat der Würfel die Geschwindigkeit v erreicht

Zwischen diesen beiden Punkten, besteht das Druckgefälle $\triangle P$ $\triangle S$

Das Produkt aus Würfelfläche A, und der Druckdifferenz zwischen Würfelvorderkannte und Würfelhinterkannte entspricht der auf den Würfel wirkenden Kraft

$$F = \frac{\triangle P * L * A}{\triangle S} = \frac{\triangle P * Vo}{\triangle S}$$

Die in kinetische Energie E_{kin} umgewanelte Arbeit W, ist das Produkt aus Kraft und zurückgelegtem Weg $\triangle S$.

$$W = \frac{\triangle P * Vo * \triangle S}{\triangle S} = \triangle P * Vo = E_{kin} = \frac{1}{2} * \rho * v^2 * Vo \; ; \; (\rho \text{ ist die Dichte})$$

$\triangle P * Vo = \frac{1}{2} * \rho * v^2 * Vo; \quad \triangle P = \frac{1}{2} * \rho * v^2;$ Die Größe $\triangle P$ steht nicht mehr im Verhältnis zu der infenitesimalen Größe $\triangle S$, weshalb sie endliche Werte annehmen kann. Hieraus folgt, dass an jeder beliebigen Stelle auf der Stromlinie, der von der zurückgelegten Strecke S abhängige Zusammenhang des Druckes P_S durch $P_S = P_0 - \triangle P; \; P_0 = \frac{1}{2} * \rho * v^2 + P_S$ beschrieben wird. Auf jeder Stromlinie besteht folglich der Zusammenhang $\boxed{P + \frac{1}{2} * \rho * v^2 = \text{Konstant}}$

Abb. 1.2: Veranschaulichung der Bernoulli-Gleichung.

teren Verlauf wird gezeigt, dass dies immer der Fall ist, wenn eine Strömung wirbelfrei ist). Daraus ergibt sich, dass für diesen Fall jedes Integral $\int_A^B \vec{v} \, dS$ unabhängig vom Weg sein muss. Greift man unter den Wegintegralen den besonderen Fall auf, dass diese geschlossen seien, was nichts anderes heißt, dass es dort beginnt, wo es auch endet, so bezeichnet man es als Umlaufintegral. In dem hier vorliegenden Fall, in dem es sich bei dem eingeschlossenen Bereich um ein Vektorfeld handelt, bezeichnet man es als Zirkulation. Aufgrund der Unabhängigkeit des Wegintegrals vom Weg bedeutet dies, dass die Zirkulation immer null ergeben muss. Aus diesen Eigenschaften ergibt sich aufgrund des Zusammenhanges von Wirbelstärke und Zirkulation, dass *in einer wirbelfreien Strö-*

mung die Bernoulli-Gleichung nicht auf eine Stromlinie begrenzt ist, sondern im ganzen Strömungsraum gilt.

(Eine ausführliche Behandlung des Themas Wirbel und Zirkulation erfolgt im weiteren Verlauf des Buches.)

Eine sehr bekannte Anwendung, die sich die Allgemeingültigkeit der Bernoulli-Gleichung in realen, naturgemäß wirbelfreien Anströmungen an Strömungskörpern zu Nutze macht, ist das Prandtl'sche Staurohr. In diesem oftmals vorne an Flugzeugrümpfen angebrachten Rohr, wird der Druck, der an dieser Stelle reibungslos auf Null abgebremsten näherungsweise als Potentialströmung anzusehenden Luftströmung mit dem Druck der unbeeinflussten Strömung verglichen, sodass aus der Differenz beider Druckwerte mithilfe der Bernoulli-Gleichung auf die Fluggeschwindigkeit geschlossen werden kann. Im Falle einer inkompressiblen Strömung, wird dieser Zusammenhang einfach durch Auflösen der Bernoulli-Gleichung nach der Geschwindigkeit hergestellt, wohingegen es im kompressiblen Fall schwieriger ist den Zusammenhang zu finden.

Die plakativ dargestellten Gesetzmäßigkeiten in Bild 1.2 werden in der mathematischen Formelsprache wie folgt beschrieben.

Die Änderung der spezifischen auf die Masse bezogenen kinetischen Energie pro infinitesimal kleiner Wegstrecke S, wird in einer stationären Strömung durch den Ausdruck $\frac{d(1/2v^2)}{dS}$ beschrieben.

Die sich aufgrund des bestehenden Druckfeldes in der Strömung pro Wegstrecke S ändernde Druckenergie des infinitesimal kleinen auf die Masse bezogenen spezifischen Volumenelements $(1/\rho)$ entspricht dem Ausdruck $\frac{1}{\rho}\frac{dP}{dS}$. Die sich pro zurückgelegter Wegstrecke ergebenden Änderungen beider Energieformen heben sich aufgrund des Energieerhaltungssatzes auf, weshalb die Summe aus diesen beiden Ausdrücken Null ergeben muss. Nach Integration der den energetischen Zusammenhang beschreibenden Gleichung $\frac{d(1/2v^2)}{dS} + \frac{1}{\rho}\frac{dP}{dS} = 0$, erhält man schließlich mit der auftretenden Integrationskonstanten C die Bernoulli-Gleichung

$$\boxed{\frac{1}{2}\rho v^2 + P = C.} \qquad (1.2)$$

Bei kompressiblen Strömungen muss berücksichtigt werden, dass sich pro zurückgelegter Wegstrecke S die Dichte ρ verändern kann, was dazu führt, dass an dem spezifisch auf die Masse bezogenen Volumenelement $\frac{1}{\rho}$ eine Kompressionsarbeit $-P\frac{d(\frac{1}{\rho})}{dS}$ geleistet oder abgegeben werden kann, die eine Änderung der spezifischen auf die Masse bezogenen inneren Energie u pro Weg S bewirkt. In vielen stationären Strömungen kann in guter Näherung Wärmeleitung vernachlässigt werden, solange die in der Strömung existierenden Temperaturgradienten klein genug sind. Im Falle von in der Strömung vorhanden Unstetigkeiten, die z. B. bei Überschallströmungen in Form von Schockwellen existieren ist eine derartige Vereinfachung nicht mehr zulässig.

Auch die Beachtung des 2. Hauptsatzes der Thermodynamik, wonach die Entropie bei Prozessen jeder Art nur im Idealfall gleich bleibt und in der Regel nur zunehmen kann, muss hierbei berücksichtigt werden.

Wird also Wärmeleitung ausgeschlossen, entspricht die dem Volumenelement zugeführte oder abgeführt Kompressionsarbeit exakt der Änderung der spezifischen inneren Energie des Volumenelementes $-P\frac{d(\frac{1}{\rho})}{dS} = \frac{du}{dS}$. Diese Kompressionsarbeit hat allerdings keinen Einfluss auf die kinetische Energie, da sie vollkommen kompensiert wird von der Volumenarbeit $+P\frac{d(\frac{1}{\rho})}{dS}$, die dem Umgebenden Fluid zu- oder abgeführt wird. An dem differentiellen Ausdruck für die Druckfeldarbeit ändert sich nichts, sodass man schließlich für die Energiebilanz des kompressiblen Fluides den gleichen Ausdruck erhält wie für das inkompressible Fluid $+P\frac{d(\frac{1}{\rho})}{dS} - P\frac{d(\frac{1}{\rho})}{dS} + \frac{1}{\rho}\frac{dP}{dS} + \frac{d(1/2v^2)}{dS} = 0 \rightarrow$ $\frac{1}{\rho}\frac{dP}{dS} + \frac{d(1/2v^2)}{dS} = 0$. Für diesen Ausdruck kann allerdings aufgrund der Nichtkonstanz des spezifischen Volumens kein analytischer Ausdruck für das Integral von $\frac{1}{\rho}\frac{dP}{dS}$ angegeben werden. Bevor diese Problematik weiter erörtert wird, sei bemerkt, dass der Ausdruck den Impulserhaltungssatz für kompressible reibungsfreie Strömungen ohne Wärmeleitung entlang einer Stromlinie darstellt, was durch eine Umformung hier gezeigt wird; aus $\frac{1}{\rho}\frac{dP}{dS} + \frac{d(1/2v^2)}{dS} = 0$ folgt $\frac{1}{\rho}dP + d(1/2v^2) = 0 \rightarrow \boxed{\frac{dp}{dv} = -\rho v}$. Es sei noch angemerkt, dass dieser Ausdruck bei der Beschreibung kompressibler Unterschall-Auftriebsströmung gebraucht wird und, dass seine Gültigkeit im Falle von wirbelfreien Strömungen nicht nur auf Stromlinien begrenzt ist, da dies ebenso für die aus ihm hervorgehende Bernoulli-Gleichung (1.3) gilt.

Für die folgende Umformung wird die Relation $\frac{du}{dS} + P\frac{d(\frac{1}{\rho})}{dS} = 0$ benutzt.

Wendet man jetzt den „Rechentrick" an, in dem dieser Ausdruck zu dem bisherigen Ausdruck für den Energetischen Zusammenhang $\frac{1}{\rho}\frac{dP}{dS} + \frac{d(1/2v^2)}{dS} = 0$ hinzu addiert wird, so erhält man den Ausdruck $\frac{du}{dS} + P\frac{d(\frac{1}{\rho})}{dS} + \frac{1}{\rho}\frac{dP}{dS} + \frac{d(1/2v^2)}{dS} = 0$. Das Integral des hierin vorkommenden Summanden $P\frac{d(\frac{1}{\rho})}{dS} + \frac{1}{\rho}\frac{dP}{dS}$ kann analytisch bestimmt werden, es entspricht dem Ausdruck $\frac{P}{\rho}$.

In der Summe ergibt sich nach Integration mit der Integrationskonstanten C_k der energetische Zusammenhang $u + \frac{P}{\rho} + 1/2v^2 = C_k$.

Der Anteil $u + P/\rho$, entspricht hierbei der spezifisch auf die Masse bezogenen thermodynamischen Zustandsgröße Enthalpie w, mit der man schließlich den als Bernoulli-Gleichung für kompressible Strömungen bezeichneten Ausdruck

$$\boxed{w + 1/2v^2 = C_k} \tag{1.3}$$

erhält.

Auch für diese Gleichung kann man mithilfe der Vektoranalysis zeigen [1], dass ihre Gültigkeit in einer wirbelfreien Strömung nicht auf eine Stromlinie begrenzt ist.

Aufgrund der Bedeutung der obigen Zusammenhänge in der Strömungsphysik, wird hier noch eine weitere anschauliche Betrachtung der Dinge vorgenommen.

Die Verdrängungsarbeit E_v eines Volumenelementes in einem Fluid entspricht sowohl bei inkompressiblen Fluiden als auch bei kompressiblen Fluiden dem Produkt aus Druck und Volumen $E_v = P * V$. Dies soll jetzt an einem kleinen Beispiel skizziert werden.

Hierzu betrachte man zunächst ein inkompressibles ruhendes Fluid (z. B. Wasser in einem Glas), welches dem Einfluss der Schwerkraft unterliegt. Mit der Erdbeschleunigung g, wird der von der Wassertiefe h abhängige Druck P_h durch $P_h = \rho * g * h$ bestimmt. Vergleichbar mit einer wirbelfreien Strömung mit ihrem Druckfeld, stellt dieses ruhende Fluid damit ebenfalls ein wirbelfreies Fluid mit einem Druckfeld dar.

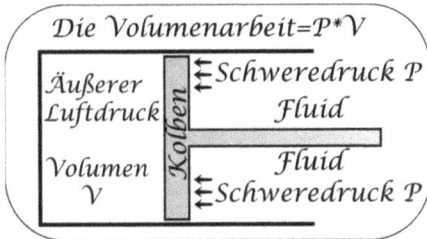

Abb. 1.3: Gedankenexperiment mit Kolben und Zylinder.

Des Weiteren stelle man sich einen kleinen Mechanismus, bestehend aus einem beweglichen Kolben und einem Zylinder vor (Bild 1.3). Abhängig von der Position des Kolbens relativ zum Zylinder, existiert dann ein von Kolben und Zylinder eingeschlossenes, als Kontrollvolumen bezeichnetes Volumen der Größe V. Der Einfluss des Luftdruckes wird bei diesem Gedankenexperiment nicht berücksichtigt. Der nächste Gedankenschritt ist es, den Kolben-Zylinder-Mechanismus in der Konstellation, in der das Kontrollvolumen gleich null ist in der Tiefe h zu positionieren (Bild 1.4). Wird nun der Kolben gegen den herrschenden Wasserdruck nach außen bewegt, mit der Folge eines entstehenden Kontrollvolumens der Größe V, so ist hierfür die aufzubringende Arbeit gleich das Produkt aus Druck P, aus der Oberfläche des Kolbens und dem zurückgelegten Weg des Kolbens, was der oben als Volumenarbeit bezeichneten Größe E_v entspricht. Diese für die Erzeugung des Kontrollvolumens aufzubringende Arbeit wird letztlich dem Fluid hinzugefügt, indem dessen potentielle Energie aufgrund dessen Anhebung erhöht wird.

Selbstverständlich wäre der aufzubringende Betrag an Volumenarbeit der gleiche, wenn die Form aber nicht der Betrag des Volumens eine andere wäre. Um dies einzusehen, stelle man sich das Kontrollvolumen aus unendlich vielen infinitesimal kleinen Zylinder-Kolben-Mechanismen zusammengesetzt vor, aus denen sich jede beliebige Form des Volumens modellieren lässt. Auf eine ähnliche Art und Weise, kann man das als Nächstes in diesem Modell benötigte Archimedische Prinzip veranschaulichen, dem

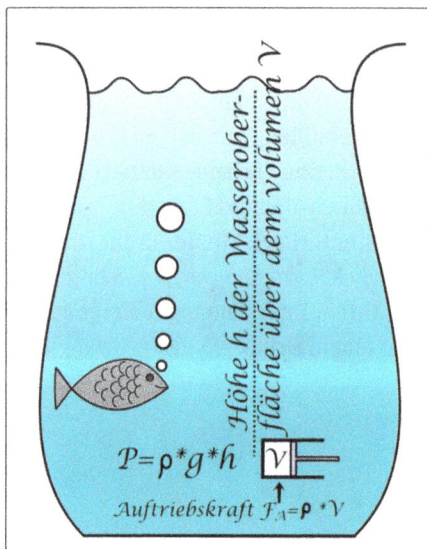

Abb. 1.4: Veranschaulichung der kompressiblen Bernoulli-Gleichung.

zur Folge die Auftriebskraft eines sich in einem Fluid befindenden Körpers gerade der Gewichtskraft, der von ihm verdrängten Masse an Fluid entspricht. Greift man sich als einfachstes Beispiel der Form eines Auftriebskörpers einen beliebigen Quader heraus, so ergibt sich für die Auftriebskraft die Differenz aus der auf die Oberseite und die Unterseite des Quaders wirkenden vom Druck hervorgerufene Kraft. Diese Kraft entspricht somit dem Produkt aus seiner Höhe, seiner Fläche, der Dichte des Fluides und der Erdbeschleunigung, was vom Betrag entsprechend dem Archimedischen Prinzip der Gewichtskraft des verdrängten Fluidvolumens entspricht. Selbstverständlich ändert sich daran nichts, wenn man die Form des Volumens, aber nicht die Größe ändert. Auch dies kann man sich wie im vorigen Beispiel durch eine Modellierung des Volumens aus unendlich vielen infinitesimal kleinen Quadern verinnerlichen.

Mit diesen einfachen Modellbausteinen kann jetzt eine Analogie zu einer Strömung hergestellt werden. Hierzu wird das als Kontrollvolumen dem zunächst keine Masse zugeordnet, vertikal um die Wegstrecke Δh verschoben, wobei eine Verschiebung nach oben, dem Verschiebemechanismus die potentielle Energie $\Delta h * V * \rho * g$ hinzufügt. Genau um diesen Energiebetrag hat sich natürlich dann die potentielle Energie des Kontrollvolumens verringert. Die potentielle Energie durch den Druck ausgedrückt hat den Betrag $-V * P$, sodass der Energieerhaltungssatz die Relation $\Delta h * V * \rho * g + V * P = 0 = \Delta h * \rho * g + P$ bedingt.

Ordnet man dem Kontrollvolumen jetzt eine Massendichte ρ zu, die nicht der Dichte des umgebenden Fluides entsprechen muss und hier nur der Einfachheit halber die gleiche Bezeichnung erhält, so ergibt sich für den Betrag der Masse des Kontrollvolumens der Wert $V * \rho$. Auf diese Masse soll in diesem Modell keine Schwerkraft einwirken. Die dadurch gegebenen Verhältnisse sind vergleichbar mit denen in einer Strömung. Das Kontrollvolumen wird in der Position h sich selbst überlassen, worauf die ihm zugeführte potentiellen Energie in kinetische Energie E_k umgewandelt wird, $E_k = 0{,}5V * \rho * v^2 = -V * P$ weshalb das Kontrollvolumen sich mit wachsender Geschwindigkeit in dem Druckfeld vertikal nach oben bewegt (Strömungswiderstand wird nicht beachtet). Die Summe aus kinetischer Energie und potentieller Energie ist demnach gleich null:

$$0{,}5V * \rho * v^2 + V * P = 0.$$

Da es sich bei all den Betrachtungen immer um Energiedifferenzen handelt, kann ein willkürlicher Wert als Anfangsenergie gewählt werden, sodass anstelle von Null eine beliebige konstante Zahl C gewählt werden kann. Für die Energiebilanz erhält man mit dieser Verallgemeinerung schließlich den Ausdruck:

$$0{,}5V * \rho * v^2 + V * P = C \rightarrow \underline{0{,}5\rho * v^2 + P = C}.$$

Der Ausdruck oben entspricht der Bernoulli-Gleichung für inkompressible wirbelfreie Strömungen.

Der Schritt zur Bernoulli-Gleichung für kompressible Strömungen gelingt mit diesem Modell sehr leicht. Nur eine kleine Veränderung in dem Modell ist dazu notwendig. Diese Veränderung besteht darin, dass sich innerhalb des Kontrollvolumens ein kompressibles Gas befindet, wobei der Einfluss des Luftdruckes auf das Gas in dem Kontrollvolumen bei diesem Gedankenexperiment wiederum nicht berücksichtigt wird. Das kompressible Gas besitzt aufgrund des beweglichen Kolbens immer den Umgebungsdruck, was bedeutet, dass es sich bei einer vertikalen Bewegung nach oben ausdehnt. Bei dieser Ausdehnung leistet das Gas Arbeit und verringert somit seine innere Energie U_i. Im Grunde verhält sich das Kontrollvolumen hierbei ähnlich wie die von dem eingezeichneten Fisch ausgespuckten Luftblasen, deren Volumen sich bei deren Aufstieg vergrößert. Der wesentliche Unterschied zu dem Gedankenexperiment besteht darin, dass die Luftblasen aufgrund von viskosen Reibungsverlusten bei ihrer Aufwärtsbewegung gebremst werden. Für die Energiebilanz des Gedankenexperimentes muss demnach die Summe aus innerer Energie U_i, potentieller Energie $V * P$, und kinetischer Energie $0{,}5V * \rho * v^2$ konstant sein:

$$U_i + V * P + 0{,}5V * \rho * v^2 = C.$$

Verwendet man in dieser Bilanz das spezifische Volumen und die spezifische innere Energie, so erhält man den Ausdruck der ***Bernoulli-Gleichung für kompressible wirbelfreie Strömungen*** (1.3).

Kritische Herangehensweise

In den Erinnerungen an den Physikunterricht wurden die dort unternommenen Versuche den Auftrieb damit zu erklären, dass oberhalb eines Auftriebskörpers eine höhere Strömungsgeschwindigkeit existiere, weshalb Bernoulli zur Folge hier eine nach oben gerichtete vom Unterdruck an der Oberfläche des Auftriebskörpers angreifende Kraft hervorgerufen hätte, als sehr unanschaulich empfunden. Dass der Bernoullische Zusammenhang in der vorgetragenen Weise bestehen müsse, wurde hierbei nicht bezweifelt. Bezweifelt wurden allerdings die als vermeintliche Ursache einer erhöhten Strömungsgeschwindigkeit über dem Auftriebskörper, vorgebrachten Gründe. Die Frage danach, wie sich ein Unterdruckgebiet oberhalb einer Tragflügelfläche stabil in seiner Position halten kann ohne von der saugenden Kraft der Fläche nach unten gezogen zu werden, oder die Frage, wieso die sich über dem Unterdruckgebiet befindenden Luftmassen mit höherem Druck nicht sofort einen Druckausgleich hervorrufen, wurde damals nicht beantwortet.

Gäbe es eine Geldwährung in Bernoulli, so war der damalige Erkenntnisgewinn vergleichbar mit dem, den man erhalten würde, wenn man auf die Frage warum Herr X reich ist, die Antwort bekäme, weil er so viel Bernoulli besitzt.

Als vermeintliche Ursache einer erhöhten Strömungsgeschwindigkeit oberhalb des Tragflügels wurden keine im kausalen Zusammenhang zu einer Auftriebskraft stehenden Argumente vertreten. Die Begriffe von Kraft und Beschleunigung wurden in allen mir damals bekannten Physikbüchern für den Schulunterricht, völlig außer Acht gelassen.

Konsens in den Büchern war es, sich auf die Form eines typischen Tragflügelprofils zu beziehen, welches auf der Oberseite eine stärkere Wölbung besitzt als auf der Unterseite. Aus diesen geometrischen Überlegungen heraus wurde beispielsweise postuliert, dass die Luft oberhalb der Tragfläche gezwungen ist schneller zu strömen, da eine vermeintliche Analogie zu dem hydrodynamischen Paradoxon bestünde. In diesem so bezeichneten Strömungsphänomen wird Luft im Zentrum zweier dicht aufeinander liegender loser Platten eingeleitet, die dann nicht der Intuition von in Strömungsphysik unerfahrenen Beobachtern entsprechend auseinander gedrückt werden, sondern in dichtem Abstand zusammenbleiben. Selbst dem Einfluss von Kräften, die diese Scheiben ohne vorhandene Luftströmung voneinander wegbewegen würden widersetzten sich diese, aufgrund der mit relativ hoher Geschwindigkeit zwischen ihnen nach außen strömenden Luft und dem daraus nach Bernoulli erwachsenden Unterdruckes.

Auf ähnliche Art und Weise gab es Erklärungsversuche, bei denen ein wie oben beschriebenes Tragflügelprofil mit dem Querschnittbild eines durchströmten der Länge nach halbierten sich in der Mitte verjüngenden Rohres verglichen wurde. Weiter wurde aufgrund der Ähnlichkeit des so entstandenen Rohrprofils und dem Tragflügelprofil in diesen Büchern fälschlicherweise geschlussfolgert, dass strömungstechnisch hier gleiche Verhältnisse gegeben seien, wie bei einem geschlossenen durchströmten Rohr, bei dem nach Bernoulli zweifellos an dem Teil des sich verjüngenden Rohrprofils ein Unterdruck besteht. Der Denkfehler war es anzunehmen, dass auch an der Oberseite des Tragflügelprofils, welches dem sich verjüngenden Rohrprofils ähnele, dieser Unterdruck bestehen müsse.

Alle diese Versuche die Gesetzmäßigkeiten dieser geschlossenen (die Ränder des Rohrsystems und des Plattensystems sind endlich) Strömungssysteme in der geschilderten Art auf offene Strömungssysteme wie das eines Auftriebskörpers zu übertragen, sind physikalisch nicht haltbar.

In beiden Strömungssystemen, dem hydrodynamischen Paradoxon als auch dem sich verjüngenden Rohrsystem, wirkt keine resultierende Kraft, die nach oben oder unten gerichtet ist. Alle auf die, die Strömung einschließenden Ränder wirkenden Kräfte heben sich nach außen auf. Zu schlussfolgern, dass die Druckverhältnisse eines aufgeschnittenen Rohres denen eines geschlossenen ähneln, ist Spekulation, die sich bei näherer Betrachtung als haltlos erweist.

Oft ist es hilfreich, bei solchen Fragen die Dinge mit Abstand zu betrachten.

Mit Abstand heißt in diesem Fall, dass die Strömung nicht in der Nähe der Oberfläche eines offenen sich verjüngenden halben Rohrprofils mit dem dort zu erwartenden kompliziert zu beschreibenden Bewegungsmuster betrachtet werden sollte. Es sind in den Bewegungsmustern der Strömung in unmittelbarer Nähe zur Oberfläche des halben Rohres sowohl vertikal nach oben als auch vertikal nach unten gerichtete Beschleunigungskomponenten des Fluides vorhanden.

Betrachtet man die Strömung in genügendem Abstand senkrecht zu der Wand des Rohrprofils, so wird dort eine parallele Strömung existieren, bei welcher überall der normale Druck herrscht. Es wird dann deutlich, dass der Einfluss der Strömung in unmittelbarer Nähe zur Rohroberfläche auf das bildlich gesprochen große Fluidmeer darüber keinen Einfluss hat, und damit auch keine Auftriebskraft hervorrufen kann.

Im Vergleich hierzu sei sich auf die Ausführungen in Kapitel Wirbel, Zirkulation Auftrieb und auf das Bild 1.10d beziehend vorweggenommen, dass die Auswirkungen der Umlenkung eines Fluides um einen Auftriebskörper, auch noch in beliebig großem Abstand zeigen, dass eine Kraft wirkt.

Das Problem eine Anschauung davon zu bekommen, wie ein Flugzeug aus „schwerem Stahl" in flüchtiger Luft getragen wird, verlagerte sich nach dem Studium solcher Schulphysikbücher auf die Frage, wieso sich überhaupt ein Unterdruck ausbilden kann, der nicht durch von oben nachströmende Luft ausgeglichen wird.

Druck oder Unterdruck in einem flüssigen oder gasförmigen Medium wirkt in alle Richtungen, weshalb die im Physikunterricht gemachten Versuche von einer Strömung durch sich verengende nicht halbierte Röhren und dem damit an der Verjüngungsstelle Bernoulli zur Folge auftretenden Unterdruck, einleuchtend erschienen, da aufgrund der Rohrwände jeder Druckausgleich verhindert wird.

Die Summe aller auf die Rohrwände senkrecht zur Strömungsrichtung wirkenden Kräfte heben sich in solch einem Rohr auf.

Wo bleibt die Vorstellung davon, dass an einem Tragflügel eine nach oben gerichtete Kraft, die Auftriebskraft wirkt, oder strömungstechnisch ausgedrückt, sich ein stabiles Druckgefälle senkrecht zur Anströmgeschwindigkeit ausbildet?

Eine Anschauung entstand damals erst durch eigene Gedankenmodelle des dynamischen Auftriebsprinzips.

Nachfolgend sind die damaligen Gedanken skizziert. Es gibt bestimmt viele andere Möglichkeiten um sich die Dinge zu veranschaulichen. Die hier skizzierten Gedankenschritte verhalfen mir aufgrund ihrer Universalität dazu, sofort einen ganz elementaren Unterschied zwischen Auftriebsströmungen im Unterschall- und Überschallbereich zu erkennen, sodass ich daraufhin in der Lage war einfache Modelle zu erdenken, die diese qualitativen Unterschiede plakativ darstellen können. Der Kerngedanke hierbei war es den Auftriebskörper als eine Art Leitschaufel zu deuten. Dieser Vorstellung entsprechend bewirkt die Leitschaufel, dass die Fluidelemente sich in deren unmittelbaren Nähe auf gekrümmten Bahnen bewegen (die Krümmungsmittelpunkte der Bahnen befinden sich unterhalb der Leitschaufel).[2]

Nach diesem Gedankenschritt waren die bildhaft in der Auftriebsströmung gesuchten Newton'schen Kraftaxiome nicht mehr weit weg. Es wurde geschlussfolgert, dass an den massebehafteten sich auf gekrümmten Bahnen bewegenden Fluidelementen Zentripetalkräfte hervorgerufen werden. Diese nach oben gerichteten Zentrifugalkräfte werden schließlich von den Fluidelementen auf den Auftriebskörper übertragen, und stellen somit nach dieser Vorstellung die eigentliche Auftriebskraft dar.

Zusammenfassend beinhaltet das Gedankenmodell somit folgende Annahmen.

Die auf die Fluidelemente nach unten gerichtete Beschleunigungskraft aufgrund deren gekrümmter Bahn ist demnach dafür verantwortlich, dass eine entgegengesetzte nach oben gerichtete Kraft an dem Auftriebskörper angreift.

In einer stationären Strömung, kann ein Druckgefälle senkrecht zur Strömungsgeschwindigkeit, nur bei sich auf gekrümmten Bahnen bewegenden Fluidelementen existieren, da ansonsten jedes vorhandene Druckgefälle ein Strömungsmuster hervorrufen würde, welches sofort einen Druckausgleich anstrebt, womit keine stationäre Strömung mehr gegeben wäre.

Ein Blick in die Natur führt einem dieses Prinzip bei Wasserstrudeln, Hurrikans oder Windhosen vor Augen. In allen diesen Strömungsmustern besteht ein Druckgefälle senkrecht zur Strömungsgeschwindigkeit, welches stabil existiert aufgrund von Kräften, die man als Zentrifugalkräfte deuten kann, die an den massebehafteten Fluidelemente angreifen.

---

2 Es wird sich zeigen, dass die Vorstellung davon ein Strömungsmedium würde einen leitschaufelähnlichen Strömungskörper auch so umströmen wie man es sich intuitiv von einer umströmten Leitschaufel vorstellt nicht trivial ist und nur unter bestimmten Vorraussetzungen so angenommen werden kann, die im weiteren Verlauf dieses Buches noch ausführlich behandelt werden.

Ein wichtiger Aspekt wurde bei dem damaligen Gedankenmodell nicht berücksichtigt. Es ist der Einfluss der Strömung in unmittelbarer Nähe zum Auftriebskörper auf die gesamte Umgebung. Vergegenwärtigt man sich noch einmal die Verhältnisse bei dem primitiven Schrottmodell, so wurden dort permanent Masseteilchen nach unten reflektiert. Der ihnen dabei erteilte nach unten gerichtete Impuls, wird bei Zusammenstößen dieser Teilchen mit Teilchen der Umgebung nach und nach vollständig an die Umgebung abgeben, wobei ihre Energie sich nach genügend langer Zeit nach dem Zufallsprinzip auf alle Teilchen verteilt hat. Aus thermodynamischer Sicht ist diese Energie irreversibel in Wärme umgewandelt worden.

Ganz anders verhält es sich aber bei dem Modell eines kontinuierlichen inkompressiblen reibungsfreien Fluides. In diesem Modell wird keine Energie in Wärme umgewandelt.

Betrachtet man den Bereich des Strömungsgebietes eines inkompressiblen Fluides in genügend großem Abstand vor und hinter einem Auftriebskörper, so herrscht dort völlige Ruhe, da ja keine Energie an das Strömungsmedium abgegeben wird. Nur in dem Bereich um den Auftriebskörper kann die für den Auftrieb verantwortliche Strömungsdynamik existieren.

Die Berücksichtigung dieses energetischen Aspektes erforderte schließlich eine Modifizierung des ursprünglichen Auftriebsmodells. Es mussten in diesem neuen Modell auch nach oben gerichtete Beschleunigungsgebiete von Fluidelementen existieren, sodass die aus der Beschleunigung resultierenden Geschwindigkeitswerte weit vor und weit hinter dem Auftriebskörper gegen 0 gehen. Die Gebiete, in denen Fluidelemente eine Beschleunigung nach oben erfahren, befinden sich demnach vor und hinter dem Gebiet der Auftriebsströmung, in dem der als Leitschaufel angesehene Auftriebskörper eine direkte nach unten gerichtete Kraft auf das Fluid ausübt.

Bildhaft ausgedrückt wird durch die Umlenkung der Strömung ständig ein nach unten gerichteter Impuls an das gesamte Fluid übertragen, wodurch eine Verdrängung in dem Fluid hervorgerufen wird, mit der Folge einer induzierten nach oben ausweichenden Strömung

In diesem neu erdachten Modell des Auftriebsmechanismus, wird die an dem Auftriebskörper hervorgerufene Auftriebskraft von den Beschleunigungskräften der in seiner unmittelbaren Umgebung auf eine gekrümmte Bahn gezwungenen Fluidelementen hervorgerufen. Diese Fluidelemente besitzen im vorderen Bereich des Auftriebskörpers eine der Auftriebskraft gleichgerichtete nach oben gerichtete vertikale Geschwindigkeitskomponente. Durch den Einfluss des Auftriebskörpers auf diese Fluidelement, wird deren vertikale nach oben gerichtete Geschwindigkeitskomponente nicht nur auf Null abgebremst, sondern sie erhalten bis sie am Ende des Auftriebskörpers angelangt sind sogar eine vertikale der Auftriebskraft entgegengerichtete nach unten gerichtete Geschwindigkeitskomponente, sodass sie eine Änderung des vertikalen Impulses erfahren, die „Actio gleich Reactio" die an dem Auftriebskörper resultierende Auftriebskraft hervorruft (Bild 1.5 und Bild 1.6).

Um sich noch einmal vor Augen zu führen, dass bei der hier besprochenen Strömungsdynamik prinzipiell keine Energie aufzubringen ist, um eine Auftriebskraft hervorzurufen, sei an die bezüglich des Impulses und der Energiebilanz bestehende Analogie zwischen der Strömungsdynamik und der Balldynamik des idealisierten Handballspielers erinnert, die im ersten Kapitel beschrieben wurde.

Aus dieser Analogie entspricht das mit einer vertikal nach oben gerichteten Geschwindigkeitskomponente versehene, das Auftriebsprofil anströmende Fluid, dem vom Boden abgeprallten Ball des Handballspielers. Weiter entspricht aus dieser Analogie die Phase, in der das Fluid im Bereich des Auftriebsprofils eine nach unten gerichtete Beschleunigung erfährt, die dazu führt, dass die vertikale Geschwindigkeitskomponente des Fluides ihre Richtung umkehrt, der Phase des Handballspielers, in der seine Hand eine beschleunigende Kraft auf den Ball ausübt, die dessen aufwärts gerichtete Geschwindigkeit zunächst abbremst, um ihm danach eine nach unten gerichtete Geschwindigkeit zu erteilen.

Betrachtet man die Phase der Auftriebsdynamik, in welcher Impuls auf das ganze Fluidmeer übertragen wird, so stellt dies in der Dynamik der Strömung einmal die Phase dar, in der Fluidelementen sowohl vor dem Auftriebsprofil eine nach oben gerichtete Beschleunigung als auch bei dem nach hinten Abströmen eine nach oben gerichtete Beschleunigung erfahren. Der hierbei auf das Fluidmeer übertragene, nach unten gerichtete Impuls entspricht folglich dem Betrage nach dem zweifachen Produkt aus beschleunigter Fluidmasse und Vertikalgeschwindigkeit. In der bestehenden Analogie zu dem Handballspieler entspricht dies dem Abprallvorgang des Balls am Boden. Der an den Boden übertragene nach unten gerichtete Impuls entspricht aufgrund der Umkehr der Geschwindigkeitsrichtung des Balls, dem zweifachen Produkt des Geschwindigkeitsbetrages und der Masse des Balls.

Eine damals in einem Schulphysikbuch entdeckte und ganz besonders in Erinnerung gebliebene Erklärungsmethode des dynamischen Auftriebes war die der verschiedenen Wege von an Tragflächenoberseite und Unterseite vorbeiströmenden Luftteilchen.

Die dort vertretene Theorie ist zwar nicht richtig, sie soll aber hier erwähnt werden, da sie ein schönes Lehrbeispiel für die Ursache liefert, bei wissenschaftlichem Vorgehen falsche Schlüsse aus den beobachteten Dingen zu ziehen, wenn man Annahmen hereininterpretiert die nicht begründet sind.

Es gibt viele Beispiele hierfür in der Wissenschaftsgeschichte, wobei eines der bekanntesten, die anfängliche Nichtakzeptanz der Einstein'schen speziellen Relativitätstheorie war. Die Ursache hierfür lag in der von den Gegnern dieser Theorie grundlosen Annahme von der notwendigen Existenz eines Äthers als Träger für elektromagnetische Wellen.

Mit den Gedanken zurückgekehrt zu dem mit dieser Thematik verglichenen bescheidenen Ziel, eine anschauliche Erklärung des Auftriebes zu geben, und wie man es z. B. nicht machen soll, erfolgt eine Schilderung der erwähnten falschen Theorie.

Es wird in ihr argumentiert, dass die Oberseite eines Flügelprofils aufgrund seiner gewölbten Form einen größeren Weg für ein Luftteilchen darstellt, welches sich von der Flügelvorderseite bis zur Flügelhinterkante bewegt, als es der Fall ist für ein Luftteilchen, welches sich unterhalb des Flügels mit seiner dort fast geraden und damit kürzeren Bahn von der Vorderseite des Flügels zur Hinterkante bewegt. Weiter wird dann argumentiert, dass zwei sich an der Flügelvorderkante trennende Luftteilchen, deren Flugbahnen sich in eine Bahn oberhalb des Flügels, und eine Bahn unterhalb aufteilen, dann wegen den verschiedenen zurückgelegten Wegen bis zur Flügelhinterkante ihre Geschwindigkeit so anpassen, dass das obere sich um soviel schneller bewegt als das untere Teilchen, sodass beide Teilchen sich gleichzeitig wieder hinten treffen. Daraufhin wird Bernoulli bemüht, wonach folglich aufgrund der verschiedenen Geschwindigkeiten der Luftströmung oberhalb und unterhalb des Flügels der Auftrieb resultieren soll.

Die Behauptung, auf der diese Theorie aufbaut, nach der sich zwei vor dem Tragflügel trennende Luftteilchen hinten wieder treffen müssen, ist im wahrsten Sinne des Wortes, *aus der Luft gegriffen.*

Es gibt kein Gesetz, welches vorschreibt, dass sich das obere und untere Teil am Flügelende wieder treffen muss.

Ein Flugzeug im Rückenflug, symmetrische Flügelprofile von Kunstflugzeugen, ein gewölbtes Segel (Ober- und Unterseite sind gleich), ein Papierflugzeug (das Flügelprofil stellt eine Platte dar), oder die ausgestreckte Hand aus dem fahrenden Auto zeigen, welche Zumutung eine solche Art von Erklärungen für nachdenkliche Schüler sein muss.

Im Gegensatz zu einer derartigen Argumentation, werden bei einem sich im Rückenflug befindenden normalen Flugzeug (es besitzt ein asymmetrisches Profil) die Luftteilchen auf der nun nach oben zeigenden kürzeren Tragflügelseite sogar schneller sein als die sich auf der längeren unteren Seite befindenden (Kuttakowsky-Theorem und der daraus folgenden Zirkulation).

Eine wesentliche Übereinstimmung, bei der Form von Profilen, die nicht für Kunstflug ausgelegt sind, sondern möglichst wirtschaftlich für Auftrieb sorgen sollen, besteht in ihrer Wölbung. Sie erinnern dabei an eine gewölbte Platte (Bild 1.5) oder Leitschaufel in einem Triebwerk.

Ob gewölbte Platte oder Leitschaufel (bei einem Doppeldecker oder Dreidecker sind es schon 2 oder 3 „Leitschaufeln"), bei all diesen Formen denkt man intuitiv daran, dass das Strömungsmedium in dem Bereich des Profils in der Art umgelenkt wird, sodass es eine **nach unten gerichtete Beschleunigung erfährt** (Bild 1.6).

Die Fluidelemente bewegen sich im Bereich des Auftriebskörpers auf gekrümmten Bahnen und erteilen demselben dadurch eine Auftriebskraft.

Wie schon in den vorangegangenen Ausführungen erläutert wurde, existieren in einer inkompressiblen reibungsfreien Auftriebsströmung Strömungsbereiche, in denen Fluidelemente schon vor dem Auftriebskörper und dahinter eine vertikale Beschleunigung nach oben erfahren. Bei Vernachlässigung von Reibung und Turbulenz ist wie hier schon mehrfach erwähnt wurde theoretisch kein Energieaufwand erforderlich, um eine solche Auftriebsströmung zu erzeugen.

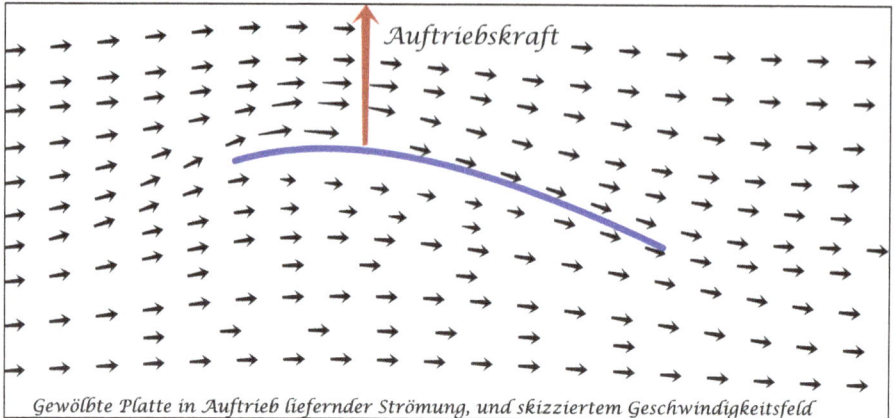

Gewölbte Platte in Auftrieb liefernder Strömung, und skizziertem Geschwindigkeitsfeld

Abb. 1.5: Die gewölbte Platte.

Bei kompressiblen Strömungsmedien, bei denen die Strömungsgeschwindigkeiten in einem Fall nicht mehr im Bereich weit unter der Schallgeschwindigkeit liegen oder im anderen Fall sogar darüber liegen, kann im ersten Fall wenig Information und damit Einfluss und im zweiten Fall keine Information und damit kein Einfluss von dem Auftriebskörper an das sich vor ihm befindende Fluid übertragen werden, so wie keine Information des Fluides hinter dem Auftriebskörper nach vorne übertragen werden kann. Eine vertikal nach oben gerichtete Beschleunigung von Fluidelementen vor und nach dem Auftriebskörper, ist bei solchen Strömungen aus diesem Grund im ersten Fall eingeschränkt und im zweiten Fall gar nicht vorhanden. Aus diesem Grunde wird der oben geschilderte energetische Vorteil einer inkompressiblen Auftriebsströmung, bei der in genügend großer Entfernung hinter dem Auftriebskörper dem Strömungsmedium keinerlei kinetische Energie zugeführt wurde, bei kompressiblen Strömungen nur noch eingeschränkt oder gar nicht mehr existieren.

Ebenfalls muss in diesem Zusammenhang erwähnt werden, dass im ersten Teil der hier angestellten Betrachtungen und damit auch bei den Erläuterungen in Bild 1.6 nicht berücksichtigt wird, dass in der Praxis jeder Auftriebskörper eine endliche Spannweite besitzt, weshalb es immer zu einer Umströmung des Auftriebskörpers um die Flügelenden kommt, die umso stärker ist, je geringer die sogenannte „Streckung" des Flügels ist. Dieses in Kapitel *Induzierter Widerstand* genauer behandelte, mit dem dynamischen Auftrieb verbundene Phänomen, erfordert, dass den Fluidelementen kinetische Energie zugeführt wird, die auch weit hinter dem Auftriebskörper nicht verschwindet. Der theoretisch erforderliche Energieaufwand zur Aufrechterhaltung der Auftriebsströmung ist damit nicht mehr Null und das Bewegungsmuster des Fluides im Bereich hinter dem Auftriebskörper ist auch bei Vernachlässigung von viskoser Reibung dauerhaft verändert.

Die y Komponente von $V\infty$=0.
$V\infty$ ist die Geschwindigkeit in genügend
großer Entfernung, ohne Beinflussung
des Flügels

Die Geschwindigkeitsvektoren
in vergrößerter Darstellung

$\Delta Vy = Vy_1 - Vy_2 = $

Vertikale
Geschwindigkeit
überhöht
dargestellt

Vertikal-Beschleunigung
der Luft

*Darstellung der vertikalen Geschwindigkeitskomponenten Vy₁ dierekt am Flügelanfang, und Vy₂
an einer Stelle kurz dahinter. Die Differenz aus beiden, stellt ein Maß für die nach unten
gerichtete Beschleunigung der Luft dar. Darunter ist der Verlauf der vertikalen Geschwindigkeitskomponenten skizziert. Die Größe der Änderung dieser Werte entlang des Flügels, bestimmt
das Maß der vertikalen Beschleunigung der Luftelemente. In der Zeichnung ist der Verlauf dieser
Beschleunigungswerte entlang des Flügels, durch die schwaze Linie skizziert. Die Farbe der
Füllung kennzeichnet ob die Luft nach oben (rot), oder nach unten (blau) beschleunigt wird.*

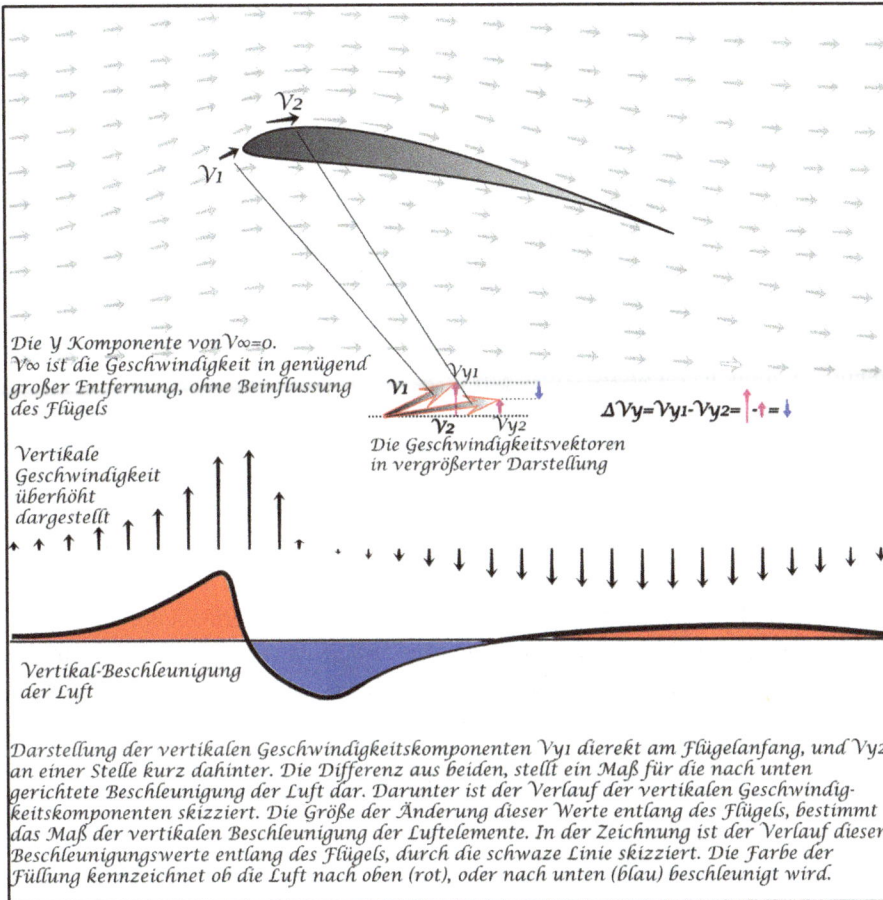

Abb. 1.6: Vertikal beschleunigte Fluidelemente.

Potentialauftriebsströmung

Eine Potentialströmung ist eine wirbelfreie (siehe Kapitel Wirbel, Zirkulation, Auftrieb)
Strömung. Ihren Namen verdankt die Potentialströmung dem Umstand, dass ein Potential Φ (eine skalare von den Ortskoordinaten abhängige Funktion) existiert, aus dem
man durch Ableitung dieser Funktion nach den Ortskoordinaten das Geschwindigkeitsfeld $\vec{v} = \vec{\nabla}\Phi$ (ein konservatives Vektorfeld) erhält. Gegenstand der hier im Folgenden
betrachteten Strömungsmodelle sind inkompressible, stationäre, reibungsfreie Poten-
talströmungen. Ganz besonders hilfreich bei der Betrachtung einer Potentialströmung
ist die Tatsache, dass die Bernoulli-Gleichung an jeder Stelle einer solchen Strömung
uneingeschränkte Gültigkeit besitzt. Die Bestimmung des Geschwindigkeitspotentials
wird in einer Potentialströmung durch die sehr bekannte und mit analytischen Methoden zu lösende Laplace-Gleichung (lineare partielle Differentialgleichung zweiter

Ordnung) beschrieben. Die für den Auftrieb verantwortlichen Gesetzmäßigkeiten werden dank derartig einfacher, die komplexen Strömungsphänomene ausklammernden Modelle transparent und überraschen, wie dies im Weiteren erweisen wird, mit einer verblüffenden Einfachheit.

Gemessen an der Betrachtung einer realen Strömung, welche besonders im Hinblick auf das Phänomen der Turbulenz nur mit Glück, extremem Aufwand und eingeschränkt auf spezielle Fragestellungen zu befriedigenden Ergebnissen führen kann, eignen sich solche Modelle für das hier angestrebte Ziel, die Grundmechanismen des dynamischen Auftriebes herauszuarbeiten hervorragend.

Im Umgang mit solchen Strömungsmodellen muss man allerdings aufmerksam sein und in bestimmten Situationen Abstriche an ihren puristischen Eigenschaften vornehmen. Andernfalls können die Eigenschaften des vereinfachten Strömungsmodells von den Eigenschaften einer realen Strömung extrem abweichen, sodass das Gegenteil von dem erreicht wird, was man sich von dem Strömungsmodell erhofft.

Salopp ausgedrückt, fällt eine stationäre Auftriebsströmung nicht vom Himmel.

Solch eine Strömung muss ja erst einmal entstehen und das schließt per se in dieser Entstehungsphase Stationarität aus.

So ist es z. B. bei der Entstehung einer Auftriebsströmung unerlässlich, hier den Einfluss von viskoser Reibung, insbesondere an den Rändern (der Oberfläche des Auftriebsprofils) temporär zuzulassen, mit der Konsequenz, dass sich Wirbel in der Strömung bilden, was zusätzlich eine drastische Abweichung der Strömung von dem Ideal einer Potentialströmung bedeutet.

An dieser Stelle werden dem Kapitel „Wirbel, Zirkulation, Auftrieb" welches sich intensiv mit dieser Problematik befasst vorwegnehmend ein paar grundlegende Voraussetzungen für die Entstehung einer in der Realität existierenden potentialströmungsähnlichen dynamischen Auftrieb generierenden Strömungsdynamik aufgezählt.

1. Eine reale Strömung besitzt plakativ ausgedrückt so etwas, wie eine „Formintelligenz". Hiermit ist gemeint, dass ein umströmter Körper in der Realität nur eine potentialströmungsähnliche Auftriebsströmung generieren kann, wenn dieser eine charakteristische Formgebung besitzt. Hierbei ist für die Ausbildung einer effizienten Auftriebsströmung entscheidend, dass seine Kontur mindestens eine Unstetigkeit besitzt (in der Praxis meist das spitze Ende der Flügelhinterkante) und dass der Strömungskörper eine bestimmte Ausrichtung bezüglich der Strömungsrichtung des Strömungsmediums besitzt (in der Regel wird die durch den sogenannten Anstellwinkel ausgedrückt). Im Gegensatz hierzu kann in der Realität eine kreisförmige Kontur des Strömungskörpers niemals Auftrieb generieren, es sei denn, er rotiert (Flettner-Rotor).

2. Sucht man ganz allgemein Lösungen der Laplace-Gleichung die eine Potentialströmung um einen beliebigen Strömungskörper beschreiben, so bedeutet das zunächst vom rein mathematischen Standpunkt, dass es unendlich viele mögliche Lösungen der Laplace-Gleichung gibt. Von diesen unendlich vielen daraus resultierenden möglichen Potentialströmungen um den Strömungskörper, wird abhängig von dem

jeweiligen Strömungstyp eine Kraft an dem Strömungskörper hervorgerufen, wobei immer auch eine Lösung einer Potentialströmung existiert, bei der überhaupt
keine Kraft hervorgerufen wird.

3. In einer potentialströmungsähnlichen realen Auftriebsströmung um einen Auf-
   triebsströmungskörper mit den in Punkt 1. beschriebenen Eigenschaften sind
   die Änderungen der Geschwindigkeit in eine zu der Geschwindigkeit senkrechte Richtung (Geschwindigkeitsgradienten) vernachlässigbar klein, weshalb viskose
   Reibungseffekte bei der Betrachtung der wesentlichen, das Wesen des Auftriebsmechanismus betreffenden Eigenschaften solcher Strömungen vernachlässigbar
   sind.

4. Die in Punkt 3. beschrieben Eigenschaft hinsichtlich vernachlässigbar kleiner viskoser Reibungseffekte aufgrund vernachlässigbar kleiner Geschwindigkeitsgradienten ist in einer potentialströmungsähnlichen Nichtauftriebs- oder Geringauftriebs-
   strömung um einen Strömungskörper mit den in Punkt 1. beschriebenen Eigenschaften nicht mehr gegeben.

5. In einer potentialströmunsähnlichen Auftriebsströmung ist der Gesamtdrehimpuls
   des den Auftriebskörper unmittelbar umgebenden Strömungsmediums ungleich
   null.

6. Bei der Entstehung einer Umströmung eines Auftriebskörpers, (z. B. ein starten-
   des Flugzeug) ist der Gesamtdrehimpuls des ihn umgebenden Strömungsmediums
   naturgemäß gleich null und somit ist in der ersten Phase der Umströmung des Auftriebskörpers auch der Auftrieb gleich null.

7. Da der Gesamtdrehimpuls eines reibungsfreien Strömungsmediums immer gleich
   bleibt, kann sich ein dynamischer Auftrieb nur entwickeln, wenn viskose Reibungseffekte zwischen Strömungskörper und Strömungsmedium auftreten, die von der
   Oberfläche des Strömungskörpers auf das Strömungsmedium einen Drehimpuls
   übertragen.

8. Hat sich aufgrund der anfänglich hohen viskosen Reibungskräfte, der anfänglichen
   Nichtauftriebsströmung ein Drehimpulsübertrag an das Strömungsmedium stattge-
   funden, so werden dann die viskosen Reibungskräfte vernachlässigbar klein sein,
   was bedeutet, dass der Drehimpuls des Strömungsmediums und damit der dynamische Auftrieb im weiteren zeitlichen Verlauf erhalten bleibt und die Strömung
   um den Strömungskörper als potentialähnliche dynamischen Auftrieb generieren-
   de Strömung aufgefasst werden kann.

Potentialströmung, Wirbelfreiheit, Stammfunktion

Wie schon im Kapitel Potentialströmung ausgeführt, erhält man in einer Potentialströmung das Feld der Geschwindigkeit $\vec{v}$ (hier wird sich auf die zweidimensionale Darstellung beschränkt) durch die Ableitung des Geschwindigkeitspotentials Φ nach den

Koordinaten: $\vec{v} = \vec{\nabla}\Phi$. Mehrfach wurde bisher erwähnt, dass die Existenz einer Potentialströmung an Wirbelfreiheit der Strömung geknüpft ist. Des Weiteren wurde eine Unabhängigkeit eines Linienintegrals von einem Punkt A zu einem Punkt B entlang des als konservatives Vektorfeld bezeichneten Geschwindigkeitsfeldes postuliert.

Diese beiden Eigenschaften einer Potentialströmung werden hier nun in der zweidimensionalen Ansicht veranschaulicht.

Den ersten Punkt kann man sehr einfach zeigen, denn es werden nur stetige Potentialfunktionen betrachtet und das bedeutet, dass die zweifachen gemischten partiellen Ableitungen dieses Potentials nach den Ortskoordinaten identisch sind

$$\frac{\partial^2 \Phi}{\partial x \partial y} = \frac{\partial^2 \Phi}{\partial y \partial x} \rightarrow \frac{\partial v_x}{\partial y} = \frac{\partial v_y}{\partial x} \rightarrow \boxed{\frac{\partial v_x}{\partial y} - \frac{\partial v_y}{\partial x} = 0.}$$

In dem eingerahmten Ausdruck steht links vom Gleichheitszeichen der Ausdruck für die Wirbelstärke (ausführliche Beschreibung im nächsten Kapitel) und diese ist demnach in einer Potentialströmung *immer gleich null*.

Den zweiten Punkt, die Unabhängigkeit des Linienintegrals von der Form der Linie und die alleinige Abhängigkeit von Start und Endpunkt, kann man zeigen in dem man differentiell ausdrückt, wie sich das Potential Φ ausgehend von einem Startpunkt $P(x_0, y_0)$ zu einem Punkt $P(x_0 + \Delta x, y_0 + \Delta y)$ ändert, wenn man dies auf zwei verschiedenen Wegen betrachtet, wobei beispielsweise zunächst im ersten Schritt der Wert der x-Koordinate um den infinitesimalen Wert Δx verändert wird und im zweiten Schritt der Wert der y-Koordinate um den infinitesimalen Wert Δy verändert und dies damit vergleicht, wenn man die Reihenfolge umkehrt. Das heißt, man ändert jetzt zunächst den Wert der y-Koordinate um den Wert Δy, um danach die x-Koordinate um den Wert Δx zu ändern.

Drückt man diesen Sachverhalt differentiell aus, ($\Delta x \rightarrow 0$; $\Delta y \rightarrow 0$) so erhält man für den ersten Fall.

Im ersten Schritt ändert sich das Potential um: $d_1\Phi = \frac{\partial \Phi(x_0, y_0)}{\partial x} \Delta x = \Phi(x_0 + \Delta x, y_0) - \Phi(x_0, y_0)$.

Im zweiten Schritt ergibt sich: $d_2\Phi = \frac{\partial \Phi(x_0 + dx, y_0)}{\partial y} \Delta y = \Phi(x_0 + \Delta x, y_0 + \Delta y) - \Phi(x_0 + \Delta x, y_0)$.

Die Gesamtänderung des Potentials ergibt somit: $d_1\Phi + d_2\Phi = d_{\text{gesamt}}\Phi = \Phi(x_0 + dx, y_0 + dy) - \Phi(x_0, y_0)$.

Für den zweiten Fall ist nun leicht einzusehen, dass man für die umgekehrte Reihenfolge den gleichen Ausdruck für d_{gesamt} erhält, womit die Unabhängigkeit des Linienintegrals gezeigt wurde. Bei unserer differentiellen Beschreibung, ist es daher nicht mehr erforderlich nur einen Wert infinitesimal zu ändern, sondern zuzulassen, dass sich auch gleichzeitig der andere Wert infinitesimal ändern darf, weshalb in der obigen Beschreibung die Δ-Symbole durch d-Symbole ersetzt werden können. Daraus ergibt sich dann der folgende als totales Differential bezeichnete Ausdruck $\boxed{d\Phi = \frac{\partial \Phi(x,y)}{\partial x} dx + \frac{\partial \Phi(x,y)}{\partial x} dy}$.

Die Funktion Φ wird als Stammfunktion bezeichnet, da sie sich *eindeutig durch infinite-simales Aufsummieren (Integrieren) bei Kenntnis von Φ_0 an der Stelle $P(x_0, y_0)$ an jedem Ort bestimmen lässt.*

Wirbel, Zirkulation, Auftrieb

Eine zentrale Bedeutung bei der Beschreibung dynamischer inkompressibler Auftriebs-strömungen kommt dem Begriff der Zirkulation zu. Die Zirkulation erweist sich auf-grund ihres einfachen zur Auftriebskraft bestehenden Zusammenhanges, als ein sehr nützlicher Baustein in dem Modell des Auftriebes. Die Zirkulation ist mit dem Begriff des Wirbels eng verknüpft, weshalb es zum weiteren Verständnis erforderlich ist, eine gewisse Vorstellung von beiden Begriffen zu erhalten.

Die nun folgenden Ausführungen erscheinen zunächst sehr weit weg von dem The-ma Auftrieb zu sein, man wird aber belohnt, wenn man sich diese Zeit nimmt.

Man betrachte eine reale Strömung die keine Potentialströmung ist, bei der also Reibungskräfte existieren.

Die folgenden Ausführungen behandeln nur zweidimensionale ebene Strömungen, bei denen Geschwindigkeitsvektoren nur in der x- und y-Ebene existieren.

Ein schwimmender Würfel oder irgendein beliebiger schwimmender Körper in ei-nem Fluss ist ein geeigneter Indikator für die Existenz von Wirbeln. Immer dann wenn der Würfel eine Drehbewegung ausführt, ist das auf vorhandene Wirbel zurückzufüh-ren. Das den Wirbeln zugehörige Geschwindigkeitsfeld und die damit verbundene Ent-stehung viskoser Reibungskräfte, welche an der Oberfläche des Würfels angreifen, ver-ursachen diese Drehung. Mathematisch wird ein Wirbel durch die sogenannte Rotation des Geschwindigkeitsfeldes beschrieben und stellt damit ebenfalls wie die Geschwindig-keit einen Vektor dar, welcher senkrecht zu der betrachteten Ebene des Geschwindig-keitsfeldes ausgerichtet ist (hier gekennzeichnet durch den Index z) und dessen Betrag dem halben Wert der Rotation „rot" des Geschwindigkeitsfeldes entspricht.

Der Begriff Rotation ist ein aus der Vektoranalysis stammender Begriff. Er wird aus der Differenz partieller Geschwindigkeitsableitungen gebildet, dargestellt durch den Ausdruck innerhalb der Klammer in Bild 1.7a.

Für die Ungeübten in der Formelsprache der Mathematik, hier noch ein paar an-leitende Bemerkungen wie man sich den Aussagegehalt des Ausdruckes Wirbelvektor $\vec{W} = \mathrm{rot}\,\vec{v} = (\frac{\partial v_y}{\partial x} - \frac{\partial v_x}{\partial y})_z$ in der Klammer veranschaulichen kann.

Die Ableitungen in dem Klammerausdruck geben das Maß an, mit dem sich ein Wert, in diesem Fall der Wert von Geschwindigkeitskomponenten pro infinitesimal klei-ner Änderung eines Wertes, in diesem Fall der Wegstrecke in die senkrecht zur Ge-schwindigkeitskomponente zeigende Richtung ändert. Man kann sich leicht durch ei-gene geometrische Aufzeichnungen davon überzeugen, *dass der Klammerausdruck bei einer Drehung des Koordinatensystems konstant bleibt.*

Hat man diese Eigenschaft verinnerlicht, so betrachte man eine sehr einfache Ausrichtung des Koordinatenkreuzes, wie etwa der in Bild 1.7a gezeigten. Man stelle sich
nun vor, dass man sich auf solch einem im Wasser treibenden Würfel befände. Schaut
man dabei in die x-Richtung des Koordinatensystems, so registriert man, dass an der
rechten Seite des Würfels das Wasser mit der Geschwindigkeit von 10 Einheiten auf
einen zuströmt, während auf der linken Seite das Wasser mit einer Geschwindigkeit
von 10 Einheiten von einem wegströmt. Weiter sagt einem die Intuition, dass diese Strömungssituation den Würfel aufgrund viskoser Reibung in eine Rechtsdrehung versetzten wird.

Das Maß der Rechtsdrehung wird dabei umso größer sein, je größer der Klammerausdruck in Bild 1.7a ist.

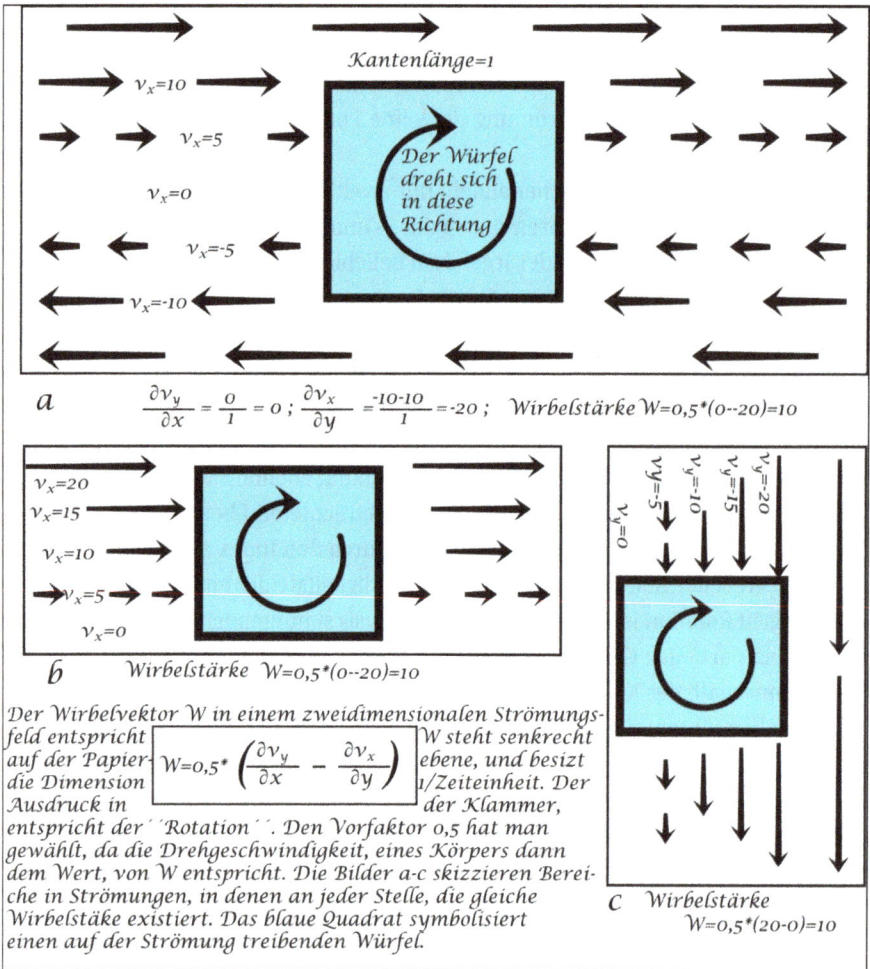

Abb. 1.7: Veranschaulichung von Wirbeln.

Um das genaue Verhalten des Würfels in der Strömung zu beschreiben, ist es erforderlich den Wirbelvektor in jedem Punkt der Strömung zu kennen. Das Maß der Drehung des Würfels wird dann durch Aufsummieren aller sich in der Berührungsfläche des Wassers mit dem Würfel befindenden Wirbelvektoren bestimmt, da jeder einzelne Wirbel aufgrund viskoser Reibungskräfte ein infinitesimal kleines Drehmoment auf die Würfeloberfläche ausübt.

In dem Zusammenhang ist es ganz verständlich, dass in einem strömenden Fluid, in dem keine viskose Reibung existiert, auch *keine Wirbel entstehen oder vergehen können*. Es ist ungefähr so, als wolle man ein mit Schmierseife eingestrichenes Schwungrad mit der abrutschenden Hand in Drehung versetzen oder im umgekehrten Fall dies anhalten.

Um die Gesetzmäßigkeiten des Zusammenwirkens verschiedener in einem wirbelbehafteten Strömungsgebiet existierender Wirbelstärken zu beschreiben, ist die Größe der Zirkulation sehr nützlich.

Im Gegensatz zu dem Begriff Wirbel, der sich auf einen unendlich kleinen räumlichen Bereich beschränkt, bezieht sich der Begriff Zirkulation auf eine geschlossene Kurve in einem Strömungsgebiet mit endlicher Ausdehnung, dessen Eigenschaft in Bild 1.8a–b erklärt wird.

Die in Bild 1.8c–d gemachten Aussagen bezüglich des Zusammenhanges, der zwischen der Zirkulation und dem von der Kurve eingeschlossenen Wirbelgebiet besteht, werden mathematisch ausgedrückt durch den Satz von Stokes, der hier der Vollständigkeit halber erwähnt wird.

Die allgemeine mathematische Formulierung $\oint_C v\,ds = \iint_A \mathrm{rot}(v)n\,dA$ dieses Satzes drückt aus (linker Teil der Gleichung), dass ein Kurvenintegral (in diesem Beispiel ist dies die Zirkulation) über die geschlossene Kurve C, die im Vektorfeld v liegt (in diesem Fall ist es das Vektorfeld der Geschwindigkeit), gleichzusetzen ist (rechter Teil der Gleichung), mit dem Flächenintegral der Rotation dieses Vektorfeldes, über das von der Kurve eingeschlossene Gebiet. Der rechte Teil der Gleichung entspricht aller auf dem Gebiet der eingeschlossenen Fläche A aufsummierten Produkte aus senkrecht zu den infinitesimal kleinen Flächenelementen ausgerichteten Komponenten des Rotationsvektors $\mathrm{rot}(v)n$. Vektor n stellt hierbei die Flächennormale eines Flächenelementes dar, (einen auf den infinitesimal kleinen Flächenelementen senkrecht dazu orientierten Vektor mit dem Betrag 1).

Aus diesen Überlegungen folgen die zwei Gesetzmäßigkeiten.

1. *Die Zirkulation um ein Wirbelgebiet besitzt immer den gleichen Wert, unabhängig von der Form der Kurve, solange der Kurvenverlauf nur in wirbelfreiem Gebiet liegt.*
2. *Bei verschiedenen in einem Gebiet vorhanden Wirbelstärken entspricht die Zirkulation auf einer dieses Gebiet einschließenden Kurve, dem Wert des Produktes aus der Fläche und der flächenmäßig gewichteten 2-fachen Wirbelstärke.*

Diese beiden Gesetzmäßigkeiten bestehen nicht nur in einer Potentialströmung, sondern auch in viskosen aber inkompressiblen Flüssigkeiten.

Zirkulations-Übungen

Die physikalische Definition der Zirkulation Γ ist $\Gamma = \oint_c \vec{v} \cdot \vec{ds}$

Anschaulich bedeutet der Ausdruck, dass über eine geschlossene Kurve C, entlang dieser Kurve zunächst alle infinitesimal kleinen Kurvenabschnittsvektoren $\vec{ds}$ (die Ausrichtung dieser Vektoren erfolgt im Uhrzeigersinn) mit der dort vorhandenen Geschwindigkeitskomponente $\vec{v}_p$ des Strömungsfeldes, welche in der Kurve liegt ($\vec{v}_p$ ist die Projektion der an dieser Stelle des Strömungsfeldes gegebenen Geschwindigkeit $\vec{v}$, auf das Kurvenelement $\vec{ds}$), skalar multipliziert werden. Skalar multiplizieren heisst, die Beträge der Vektoren werden multipliziert, wobei das Skalarprodukt im Falle der gleichen Ausrichtung der Vektoren, durch den positiven Wert dieses Produktes, und im Falle der gegensätzliche Ausrichtung der Vektoren, von dem negativen Wert dieses Produktes, repräsentiert wird. Die Summe aller dieser Produkte, entspricht schließlich dem Wert der Zirkulation.

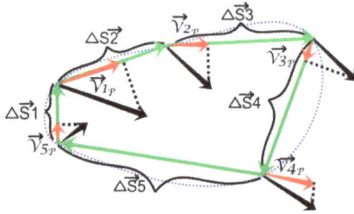

Links ist eine geschlossene Kurve (Blau punktiert), durch 5 Kurvenabschnitte (grüne Vektoren $\vec{\Delta s}$) angenähert. Die Zirkulation, über die grüne Kurve, ist

$\Gamma = \vec{\Delta s_1} \cdot \vec{v}_{1p} + \vec{\Delta s_2} \cdot \vec{v}_{2p} + \vec{\Delta s_3} \cdot \vec{v}_{3p} + \vec{\Delta s_4} \cdot \vec{v}_{4p} + \vec{\Delta s_5} \cdot \vec{v}_{5p}$

Lässt man, die Grösse der Kurvenabschnitte, infenitesimal klein werden, $\vec{\Delta s_1} \rightarrow ds$, so erhält man den Wert der Zirkulation, für die blaue Kurve.

Wählt man als geschlossene Kurve den Umriss des Quadrates in Abbildung a aus, so beträgt unten die Geschwindigkeit Null. Das Produkt aus unterer Kantenlänge und der dortigen Geschwindigkeitsprojektion ist ebenfalls gleich null. An den vertikalen Seiten, steht der Geschwindigkeitsvektor senkrecht auf der Kurvenrichtung, d.H. auch hier sind die zu summierenden Beträge gleich Null. Schließlich liefert nur die obere Geschwindigkeitskomponente vom Betrag zwanzig mit der Kantenlänge des Quadrates von 1 multipliziert, einen Beitrag zur Zirkulation. Diese besitzt demnach einen Wert von zwanzig. Dieses Vorgehen, auf Abbildung b angewandt, bei der die Wirbelstärke gleich geblieben ist, aber die von der Kurve eingeschlossene Fläche doppelt so groß ist, ergibt den doppelt Wert für die Zirkulation.

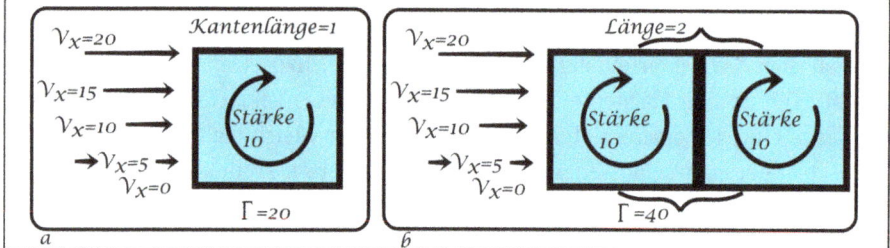

Abb. 1.8: Veranschaulichung der Zirkulation.

Des Weiteren folgt eine weitere wichtige Schlussfolgerung im Hinblick auf die Beschreibung eines wirbellosen Strömungsfeldes, welches ein nicht wirbelfreies Strömungsfeld einschließt, ebenfalls aus den obigen Überlegungen.

Man stelle sich zunächst einen sehr kleinen wirbelbehafteten Bereich in einer ansonsten wirbelfreien Strömung vor. In genügend großem Abstand von diesem Bereich werden die Stromlinien zu konzentrischen Kreisen. Man kann sich den wirbelbehafteten Bereich auch unendlich klein vorstellen, mit einer unendlich großen Wirbelstärke in einem Punkt (es handelt sich mathematisch ausgedrückt dabei um eine Singularität).

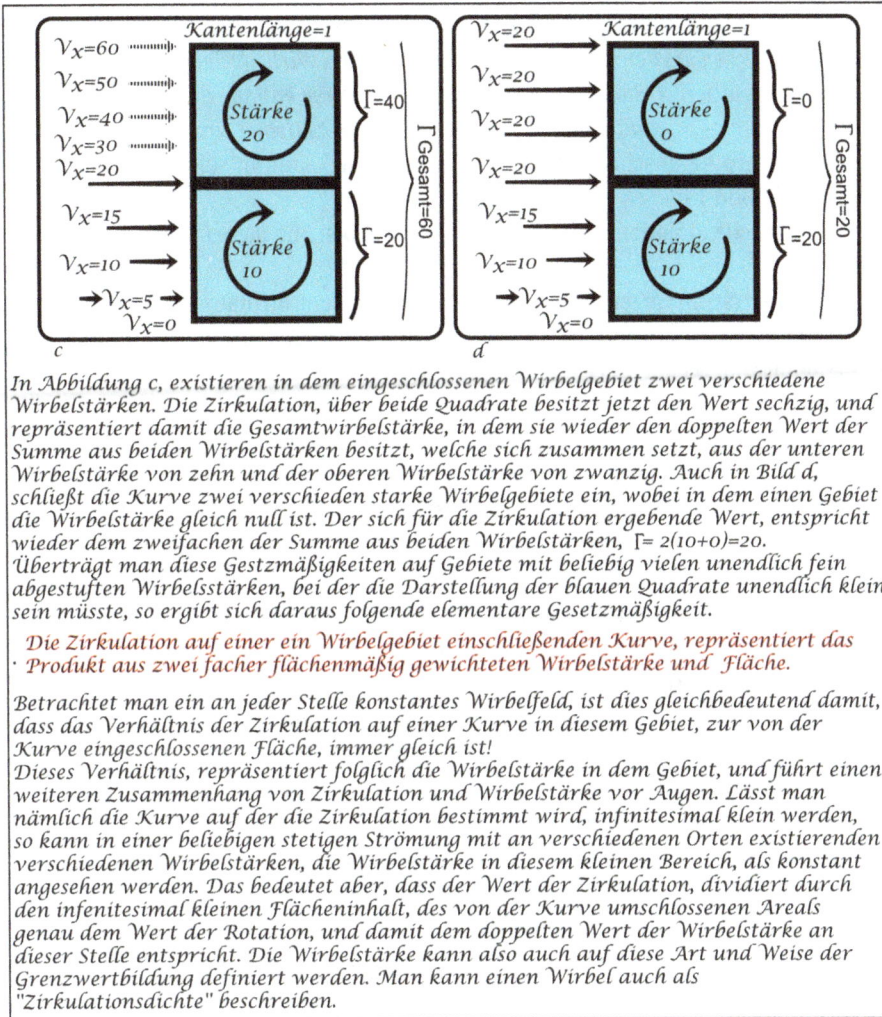

In Abbildung c, existieren in dem eingeschlossenen Wirbelgebiet zwei verschiedene Wirbelstärken. Die Zirkulation, über beide Quadrate besitzt jetzt den Wert sechzig, und repräsentiert damit die Gesamtwirbelstärke, in dem sie wieder den doppelten Wert der Summe aus beiden Wirbelstärken besitzt, welche sich zusammen setzt, aus der unteren Wirbelstärke von zehn und der oberen Wirbelstärke von zwanzig. Auch in Bild d, schließt die Kurve zwei verschieden starke Wirbelgebiete ein, wobei in dem einen Gebiet die Wirbelstärke gleich null ist. Der sich für die Zirkulation ergebende Wert, entspricht wieder dem zweifachen der Summe aus beiden Wirbelstärken, $\Gamma = 2(10+0)=20$.
Überträgt man diese Gestzmäßigkeiten auf Gebiete mit beliebig vielen unendlich fein abgestuften Wirbelsstärken, bei der die Darstellung der blauen Quadrate unendlich klein sein müsste, so ergibt sich daraus folgende elementare Gesetzmäßigkeit.

Die Zirkulation auf einer ein Wirbelgebiet einschließenden Kurve, repräsentiert das · *Produkt aus zwei facher flächenmäßig gewichteten Wirbelstärke und Fläche.*

Betrachtet man ein an jeder Stelle konstantes Wirbelfeld, ist dies gleichbedeutend damit, dass das Verhältnis der Zirkulation auf einer Kurve in diesem Gebiet, zur von der Kurve eingeschlossenen Fläche, immer gleich ist!
Dieses Verhältnis, repräsentiert folglich die Wirbelstärke in dem Gebiet, und führt einen weiteren Zusammenhang von Zirkulation und Wirbelstärke vor Augen. Lässt man nämlich die Kurve auf der die Zirkulation bestimmt wird, infinitesimal klein werden, so kann in einer beliebigen stetigen Strömung mit an verschiedenen Orten existierenden verschiedenen Wirbelstärken, die Wirbelstärke in diesem kleinen Bereich, als konstant angesehen werden. Das bedeutet aber, dass der Wert der Zirkulation, dividiert durch den infinitesimal kleinen Flächeninhalt, des von der Kurve umschlossenen Areals genau dem Wert der Rotation, und damit dem doppelten Wert der Wirbelstärke an dieser Stelle entspricht. Die Wirbelstärke kann also auch auf diese Art und Weise der Grenzwertbildung definiert werden. Man kann einen Wirbel auch als "Zirkulationsdichte" beschreiben.

Abb. 1.8: (fortgesetzt)

Die Strömung ist dann überall punktsymmetrisch. Diese Bedingung zusammen mit der Kenntnis, dass die Zirkulation um den Wirbel immer den gleichen Wert besitzt, lässt erkennen, *dass der Betrag der Geschwindigkeit aufgrund der Konstanz der Zirkulation, umgekehrt proportional zum Radius sein muss (Potentialwirbel).*

Nur aus diesen einfachen Überlegungen heraus kann man also schlussfolgern, dass eine Strömung (den auf einen sehr kleinen Raumbereich ausgedehnten Wirbel ausgeschlossen) mit einem derartigen Geschwindigkeitsprofil, *wirbelfrei ist.*

Im Gegensatz zu den hier einfachen Überlegungen, wird dies später in Bild 1.16 auch technisch gezeigt.

Eine bemerkenswerte Erkenntnis der letzten Ausführungen ist, *dass in einer Potentialströmung, deren Existenz streng an die Bedingung von Wirbelfreiheit geknüpft ist, sehr wohl eine Zirkulation vorhanden sein kann, falls die Kurve entlang derer die Zirkulation bestimmt wird, eine Singularität oder ein wirbelbehaftetes Gebiet einschließt.*

Eine weitere Veranschaulichung der Gesetzmäßigkeiten in solch einer Strömung findet man in Bild 1.14.

Eine ähnliche Situation ist bei Strömungen gegeben, die mehrfach zusammenhängend sind.

In solchen Strömungen existieren Bereiche in dem Strömungsgebiet, die nicht durchströmt werden (Inseln). Im Falle eines Tragflügels ist die Strömung zweifach zusammenhängend, da der Bereich innerhalb des Profils nicht durchströmt wird. Auch solche Strömungen können Potentialströmungen sein, obwohl die Zirkulation auf Kurven, die das Profil einschließen ungleich null ist. Die Zirkulation auf einer beliebigen Kurve, die das Profil einschließt, besitzt in einem solchen Fall einen konstanten Wert.

Strömungen dieser Art verhalten sich also genau so, als würde sich in dem Bereich des Profils eine nicht wirbelfreie Strömung befinden.

Um sich an diesen Gedanken zu gewöhnen, stelle man sich eine Strömung vor, bei der nur in einem bestimmten Bereich Wirbel existieren, z. B. innerhalb eines Bereiches, welcher genau die Form eines Tragflügelprofils besitzt und an dessen Rändern die Stromlinien der Kontur des Profils entsprechen (Bild 1.9a). Die Geschwindigkeitskomponenten senkrecht zur Oberfläche des Profils sind also an jeder Stelle gleich null. Außerhalb dieses Bereiches ist die Strömung wirbelfrei, und stellt somit dort eine Potentialströmung dar.

Was passiert aber wenn man um den Bereich der Wirbel tatsächlich ein Tragflügelprofil legt, dessen Kontur einer um diesen wirbelbehafteten Bereich verlaufenden geschlossenen Stromlinie entspricht (Bild 1.9b)?

Es wird sich an der Strömung außerhalb nichts ändern, ganz egal ob im Inneren des Tragflügelprofils noch weiter Wirbel existieren oder Rippen und Spanten eingebaut sind. Die Wirbel verstecken sich wieder bildlich gesprochen, jetzt nicht in einer Singularität, sondern im Inneren des Tragflügels (Bild 1.9c).

In Bild 1.9d, ist dieser Potentialströmung noch eine zweite Potentialströmung überlagert, wobei es sich hierbei um eine Strömung handelt, die in großem Abstand zum Profil in eine Translationsströmung übergeht. Die Zirkulation dieser Strömung auf allen Kurven, also auch auf Kurven die das Profil einschließen, ist gleich null. *Die Summe der Geschwindigkeitsfelder zweier Potentialströmungen ist ebenfalls ein Geschwindigkeitsfeld einer Potentialströmung*, was im weiteren Verlauf noch genauer begründet wird.

In diesem Beispiel weist die aus der Überlagerung beider Strömungen hervorgehende Strömung das typische Stromlinienbild einer Auftriebsströmung auf. Es wird sich zeigen, dass es ganz entscheidend davon abhängt, wie das Verhältnis der Strömungsstärke der zirkulationsfreien Strömung, zur Strömungsstärke der Strömung um das Profil gewählt werden, damit eine solche Strömung zustande kommt. Insbesondere ist hierbei zu beachten, dass die Strömung über die scharfe Profilhinterkante harmonisch verläuft.

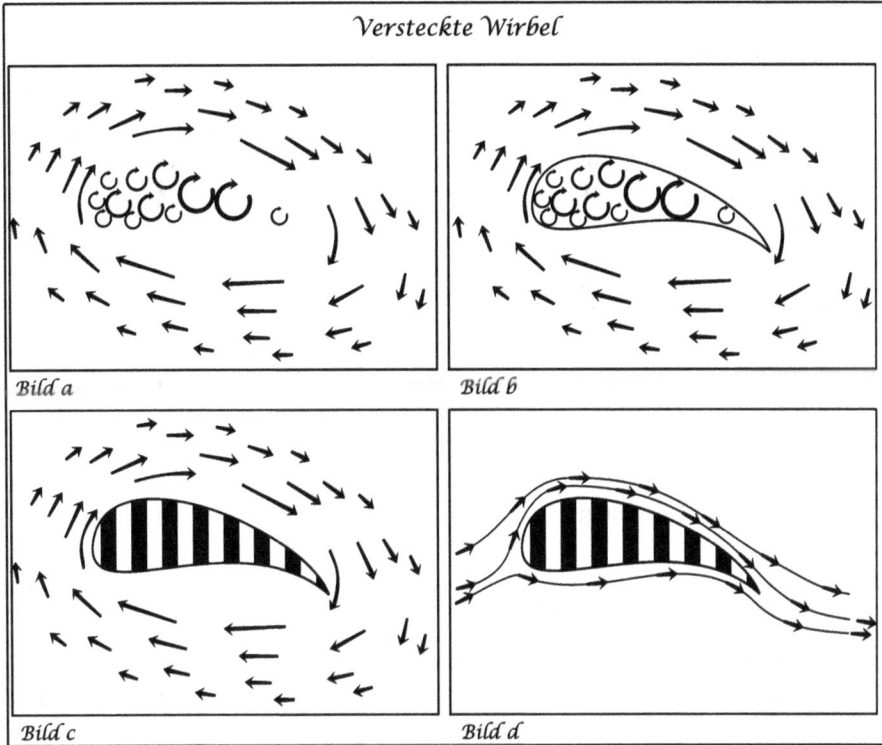

Abb. 1.9: Versteckte Wirbel.

Die sich aus den obigen Überlegungen ergebende, die Zirkulation betreffende Schlussfolgerung wird zusammenfassend durch den folgenden Satz ausgedrückt.

Die Zirkulation jeder beliebigen Kurve die das Profil einschließt, hat immer den gleichen Wert, der ein Maß für die gesamte „virtuelle" Wirbelstärke im Inneren des Profils ist.

Aus den bisherigen Überlegungen folgt, dass es für das Potentialströmungsfeld eines umströmten Körpers unendlich viele Lösungen geben muss. Das heißt, dass es für jede Wirbelgesamtstärke der virtuellen Wirbelströmung im Inneren des Profils eine Lösung gibt.

Ausgedrückt durch die Zirkulation heißt dies:

Zu jedem der unendlich vielen möglichen Werte der Zirkulation auf Kurven, die den Strömungskörper einschließen, existiert ein Strömungsfeld.

Die sich hierbei stellende Frage ist, *welche der möglichen Lösungen das Verhalten einer realen Umströmung eines Auftriebskörpers, am besten annähert.*

Bevor diese Frage beantwortet wird, soll eine ganz wichtige Eigenschaft eines mit einer Zirkulation behafteten umströmten Profils Beachtung finden. Bei dieser Eigenschaft handelt es sich um eine hervorgerufene Kraft.

Es ist die Kraft, die das Thema dieser Abhandlung ist, denn sie ist als dynamische Auftriebskraft zu deuten.

Jetzt wird man also für die Abschweifungen über Wirbel und Zirkulation belohnt.

Immer wenn eine Anströmung, (die in genügend großem Abstand eine Translationsströmung darstellt) an einen dynamischen Auftriebskörper und eine Zirkulation um selbigen gleichzeitig existieren, entsteht eine von dieser Dynamik hervorgerufene Kraft.

Bevor eine relativ einfache intuitive Herleitung dieses Zusammenhanges erfolgt, wird zunächst eine häufig diesbezüglich zu findende Vorgehensweise beschrieben, die man gewöhnlich in der einschlägigen Literatur findet. Aufgrund der hierzu erforderlichen umfangreichen mathematischen Kenntnisse, kann diese Vorgehensweise hier nur skizziert werden.

Mathematisch weniger versierte können diesen Teil überspringen.

Rein formal benötigt man zur mathematischen Beschreibung einer inkompressiblen stationären Potentialströmung, die ihr zugrunde liegende Strömungsgleichung, welche die hier der Vollständigkeit halber abgebildete Laplace-Gleichung ist:

$$\frac{\partial^2 \phi}{\partial x^2} + \frac{\partial^2 \phi}{\partial y^2} + \frac{\partial^2 \phi}{\partial z^2} = 0. \tag{1.4}$$

Der Ausdruck ϕ stellt das ortsabhängige Geschwindigkeitspotential dar, aus welchem bei Kenntnis von ϕ die Geschwindigkeitskomponenten des Strömungsfeldes durch die partiellen Ableitungen dieses Potentials nach den Ortskoordinaten gegeben sind.

(Der letzte Summand wird in den hier fasst ausnahmslos betrachteten zweidimensionalen Strömungen nicht benötigt, weshalb er in dem Fall weggelassen wird.)

Weiter benötigt man als Randbedingungen die Form der Kontur des umströmten Körpers sowie die Anströmgeschwindigkeit v_∞, in genügend großem Abstand.

In [1][3] wird mit diesen Grundannahmen zunächst der als Kutta-Joukowski-Theorem bezeichnete verblüffend einfache Zusammenhang von Zirkulation Γ und Auftriebskraft F_a pro Spannweitenlänge L bei der Dichte ρ und der Anströmgeschwindigkeit v_∞ hergeleitet:

$$\boxed{F_a/L = v_\infty \cdot \rho \cdot \Gamma.} \tag{1.5}$$

Dieser Zusammenhang hat, wie dort gezeigt wird, für alle beliebigen in einer inkompressiblen stationären Potentialströmung umströmten Körper Gültigkeit, und verdeutlicht aufgrund dieser Universalität, dass man der Zirkulation soviel Aufmerksamkeit im Hinblick einer einfachen Auftriebsbeschreibung zukommen lässt.

3 In dem Lehrbuch Hydrodynamik von Walter Greiner werden die von den Physikern Helmholtz und Kirchhoff in der Strömungsphysik verwendeten Aussagen der Funktionentheorie verwandt. Hat man sich mit den Techniken, dieser mathematischen Disziplin vertraut gemacht, so erscheinen viele Lösungen von Problemen in der Strömungsphysik verblüffend einfach.

Eine Darstellung der mathematischen Techniken, um konkrete Lösungen von inkompressiblen stationären Potentialströmungsfeldern zu gewinnen, findet man in [1].

Eine eigene Idee den Zusammenhang von Auftrieb und Zirkulation zu veranschaulichen

Eine eigene Idee den Zusammenhang von Auftrieb und Zirkulation und vor allen Dingen die bemerkenswerte Unabhängigkeit dieses Zusammenhanges von der Form des sich in der Strömung befindlichen Profils mit sehr einfachen anschaulichen Überlegungen plausibel zu erklären, ist während der Formulierungen zu diesem Text entstanden.

Hierzu wird die Strömung um einen Zylinder untersucht, da sie sich aufgrund ihrer Einfachheit im Vergleich zu Strömungen um andere Profilformen besonders gut eignet, Erkenntnisse über das Auftriebsprinzip zu erlangen.

Zunächst betrachtet man das wirbellose Strömungsfeld das sich ergibt, wenn keine virtuelle Wirbelstärke im Inneren des Zylinders angenommen wird, sodass die Zylinderumströmung in großem Abstand eine Translationsströmung darstellt, was bedeutet, dass alle Geschwindigkeitsvektoren dort parallel ausgerichtet sind und den gleichen Geschwindigkeitsbetrag von v_∞ besitzen (Bild 1.10a).

Dass diese Strömung keine resultierende Kraft an dem Zylinder hervorruft, ist hier einfach damit zu begründen, dass die Stromlinien symmetrisch verlaufen.

Als nächstes betrachtet man eine Strömung die durch die schon bekannte induzierte Strömung eines punktförmigen, also auf unendlich kleinen Raum ausgedehnten, im Zentrum des Zylinders sich befindenden Wirbels repräsentiert wird (Potentialwirbel), bei dem die Strömungsgeschwindigkeit sich umgekehrt proportional zum Radius verhält (Bild 1.10b).

In dieser Strömung existiert zwar eine Zirkulation, es wird aber aufgrund des symmetrischen Stromlinienverlaufs auch in ihr keine resultierende Kraft an dem Zylinder hervorgerufen.

Die Summe aus den beiden zuletzt betrachteten Geschwindigkeitsfeldern ist ebenfalls eine mögliche Zylinderumströmung und wird in Bild 1.10c dargestellt.

Die Tatsache, dass man als Gesamtlösung für das Strömungsfeld einfach zwei für sich alleine existierende Strömungen addieren kann, ist der Einfachheit des Potentialströmungsmodells in einer stationären inkompressiblen Strömung geschuldet.

Die ihm zugrunde liegende partielle Differentialgleichung, die Laplace-Gleichung (1.2) ist linear, weshalb die Summe der Lösungen dieser Gleichung wieder eine Lösung ergibt:

$$\frac{\partial^2 \phi_1}{\partial x^2} + \frac{\partial^2 \phi_1}{\partial y^2} + \frac{\partial^2 \phi_1}{\partial z^2} = 0; \quad \frac{\partial^2 \phi_2}{\partial x^2} + \frac{\partial^2 \phi_2}{\partial y^2} + \frac{\partial^2 \phi_2}{\partial z^2} = 0$$
$$\rightarrow \quad \frac{\partial^2 (\phi_1 + \phi_2)}{\partial x^2} + \frac{\partial^2 (\phi_1 + \phi_2)}{\partial y^2} + \frac{\partial^2 (\phi_1 + \phi_2)}{\partial z^2} = 0.$$

Hieraus geht auch hervor, dass man das der Strömung zugehörige Geschwindigkeitsfeld, welches sich aus der Summe zweier inkompressibler stationärer Potentialströmungslösungen ergibt, aus den vektoriell addierten Geschwindigkeitsfeldern der Einzellösungen erhält.

Stellvertretend für eine Geschwindigkeitskomponente kann das leicht gezeigt werden:

$$\frac{\partial \phi_1}{\partial x} = v_{1x}; \quad \frac{\partial \phi_2}{\partial x} = v_{2x}; \quad \rightarrow \quad \frac{\partial(\phi_1 + \phi_2)}{\partial x} = v_{1x} + v_{2x}.$$

Betrachtet man die in Bild 1.10c skizzierten Stromlinien, die sich ergeben, wenn beide oben beschriebenen Strömungen sich überlagern, so fällt die Unsymmetrie bezüglich der Spiegelung an der horizontalen Achse ins Auge. Weiter fällt auf, dass die Stromlinien, welche oberhalb des Zylinders verlaufen, bewirken, dass das Strömungsmedium förmlich um den oberen Teil des Zylinders herumgeschleudert wird, was gleichbedeutend mit der Entstehung von Zentrifugalkräften ist. Diese Zentrifugalkräfte müssen wegen dem Prinzip Actio gleich Reactio auf die Oberfläche des Zylinders wiederum eine entgegengesetzte Kraft ausüben, weshalb ein Druckgefälle zwischen Oberseite (niedriger Druck) und Unterseite (höherer Druck) entsteht.

Jetzt ist man an dem Punkt angelangt, an dem die Auftriebskraft eine Anschauung erfährt.

Das Druckgefälle zwischen Oberseite und Unterseite des Zylinders ruft schließlich eine an seiner Oberfläche nach oben gerichtete **Auftriebskraft** hervor.

Eine gewisse Ähnlichkeit mit dieser Strömung weist die Umströmung von Geschossen auf, wenn diese einen Spin besitzen und eine durch Seitenwind verursachte senkrecht zu deren Flugbahn ausgerichtete Geschwindigkeitskomponente der Luft vorhanden ist.

Das Geschoss fliegt dann auf einer gekrümmten Bahn (Magnus-Effekt), wobei die den Magnus-Effekt verursachende Kraft senkrecht zur Flugbahn und senkrecht zur Geschwindigkeitskomponente des Windes ausgerichtet ist. Ebenfalls kann man diesen Effekt bei Fußballspielern beobachten, die die Flugbahn des Balls schwerer berechenbar für die Gegner machen, wenn sie diesem zuvor einen Spinn erteilen, sodass die Flugbahn nicht mehr geradlinig verläuft. Sowohl bei dem Geschoss als auch bei dem Fußball entsteht diese Strömung durch viskose Reibung an der sich drehenden Oberfläche des Flugobjektes.

In dem folgenden Abschnitt werden aufbauend auf den bisher gesammelten Erkenntnissen quantitative Aussagen hinsichtlich auftretender von der Strömung verursachter Kräfte, in Abhängigkeit von der Anströmgeschwindigkeit und der Zirkulation gesucht.

Das nächste Ziel ist es den universellen quantitativen Zusammenhang (1.3) mit relativ einfachen Überlegungen plausibel zu machen.

Betrachtet man die Umströmung eines Profils in großer Entfernung, so werden die von ihm verursachten Strömungsmuster umso harmonischer, je weiter entfernt diese von dem Profil sind.

In einem tiefen Fluss offenbart die Strömung an der Oberfläche nicht mehr, wie am Grund des Flusses jeder einzelne Felsbrocken umströmt wird.

In genügend großem Abstand wirkt sich der Strömungskörper also so aus, als wäre er von den Ausmaßen her auf einen Punkt reduziert. Für die Translationsströmung heißt das, dass die Stromlinien gerade Linien sind und für die Zirkulationsströmung bedeutet dies, dass die Stromlinien unabhängig von der Profilform in genügend großem Abstand aus konzentrischen Kreisen bestehen (Bild 1.10d).

Die Ursache ihrer Existenz, die sich bildlich gesprochen im Profil befindenden virtuellen Wirbel, verhalten sich so, als seien sie auf einen Punkt konzentriert.

Dies führt dazu, dass das Druckfeld in großem Abstand zu einem beliebig geformten umströmten Körper immer gleich ist, wenn die Anströmgeschwindigkeit in großer Entfernung die gleiche ist und die Größe der Zirkulation gleich sind.

Generell erhält man die gesamte auf einen umströmten Körper wirkende Kraft, wenn über eine diesen Körper umgebende Fläche, deren Form beliebig gewählt werden kann, alle aus den Flächenelementen und zugehörigen Druckwerten gebildeten Produkte aufsummiert werden.

Wählt man eine so große Fläche aus, deren Flächenelemente dann folglich weit von dem Strömungskörper entfernt sind, so wird aufgrund des Druckfeldes, das in großer Entfernung vom Strömungskörper unabhängig von seiner Form ist, die Gesamtkraft auf den Strömungskörper immer die gleiche sein, unabhängig von seiner Form, solange der Wert der Zirkulation sich nicht ändert.

Aufgrund dieser einfachen Überlegungen wird die elementare Eigenschaft umströmter Körper erkennbar.

Unabhängig von der Form eines Strömungskörpers, hängt die Größe einer von einer inkompressiblen stationären Potentialströmung auf diesen ausgeübten Kraft nur von der Anströmgeschwindigkeit und der Größe der Zirkulation ab.

Hat man also für einen bestimmten Strömungskörper einmal den Zusammenhang von Auftriebskraft zu Zirkulation und Anströmgeschwindigkeit gefunden, so ist damit die Aufgabe für alle Auftriebskörper gelöst, da der Zusammenhang immer der gleiche ist.

Um den quantitativen Zusammenhang dieser Größen zu finden, liegen alle Werkzeuge vor.

Zum einen kann man das Geschwindigkeitsfeld einer Auftriebsströmung aus der Addition einer Umströmung eines möglichst unkomplizierten Strömungskörpers ohne Zirkulation und einer Umströmung desselben Körpers mit Zirkulation bestimmen. Eine mit der Laplace-Gleichung relativ leicht zu bestimmende Umströmung eines Körpers ist die Umströmung eines Kreiszylinders.

Die Bestimmung dieser Strömung ist eine Standardlösung in der Strömungsphysik, die man z. B. hier [2] findet.

Die mit den Geschwindigkeitswerten des sich so ergebenden Strömungsfeldes korrespondierenden Druckwerte, die sich mithilfe der Abhängigkeit nach Bernoulli bestimmen lassen, verursachen mit den von ihnen an der Zylinderoberfläche hervorgerufenen Kräften die Gesamtauftriebskraft.

Im Anschluss der Bestimmung des Geschwindigkeitsfeldes der Auftriebsströmung, kann somit die Gesamtauftriebskraft durch Aufsummieren aller an der Zylinderoberfläche hervorgerufenen Kräfte bestimmt werden.

Anstatt diese zwar nicht allzu komplizierte Aufgabe hier zu lösen, wird in einer auf eigenen Schlussfolgerungen basierenden Art und Weise der gesuchte Zusammenhang vom Auftrieb zur Anströmgeschwindigkeit und Zirkulation gezeigt.

Bei dieser Vorgehensweise ist eine präzise mathematische Beschreibung der Strömung um einen Zylinder nicht erforderlich.

Ausgangspunkt dieser Überlegungen ist die Unabhängigkeit der Auftriebskraft von der im Nahbereich des Auftriebskörpers existierenden Strömungsform.

Das hinsichtlich leichter rechnerischer Handhabung ausgewählte Strömungssystem besitzt eine extreme Einfachheit. Es besteht aus einem in der Länge ausgedehnten Wirbelsystem, dessen induziertes Geschwindigkeitsfeld in unmittelbarer Nähe zu den Wirbeln eine rechteckige Stromlinienform besitzt, wobei der Betrag der Geschwindigkeit entlang der Ober- und der Unterseite einen konstanten Wert haben soll (Bild 1.10e). Gegeben ist die Länge S der beiden Seiten, die Dichte ρ, die Zirkulation, die bei vernachlässigbarer Höhe des Rechteckes zur Geschwindigkeit v_w in dem durch die Formel $v_w = \Gamma/2S$ gegebenen Zusammenhang steht sowie eine horizontal von links nach rechts gerichtete Translationsströmung mit dem Geschwindigkeitsbetrag v_∞.

Eine auf das Rechteck wirkende Kraft F ist das Produkt aus dem Differenzdruck ΔP, zwischen beiden Seiten des Rechteckes und einer in Spannweitenrichtung gegebenen Einheitslänge L. In Formeln ausgedrückt erhält man hieraus, folgende Ausdrücke.

$$F/L = S \cdot \Delta P;$$
$$\Delta P = S(P_0 + \rho(v_\infty + \Delta v_w)^2/2) - S(P_0 + \rho(v_\infty - \Delta v_w)^2/2);$$
$$F/L = \rho \cdot S \cdot 4v_w/2.$$

Drückt man die Geschwindigkeit v_w durch die Zirkulation aus, so erhält man für die auf das rechteckige Profil wirkende Kraft pro Einheitslänge **den wichtigen Zusammenhang** (1.3), **der für jeden Auftriebskörper in einer inkompressiblen stationären Potentialströmung Gültigkeit hat.**

So schön die bisher gemachten Überlegungen sich zusammenfügen, so darf man nicht übersehen, dass sie nur als eine grundlegende Beschreibung des dynamischen Auftriebprinzips angesehen werden können, wenn gezeigt werden kann, **das sich tatsächlich eine Zirkulationsströmung an einem Auftriebskörper ausbildet.**

Die nachfolgende Aufgabe ist es aufgrund der bisher gemachten Betrachtungen von Potentialströmungen physikalisch zu zeigen, dass ein Auftriebsprofil in der Realität, tat-

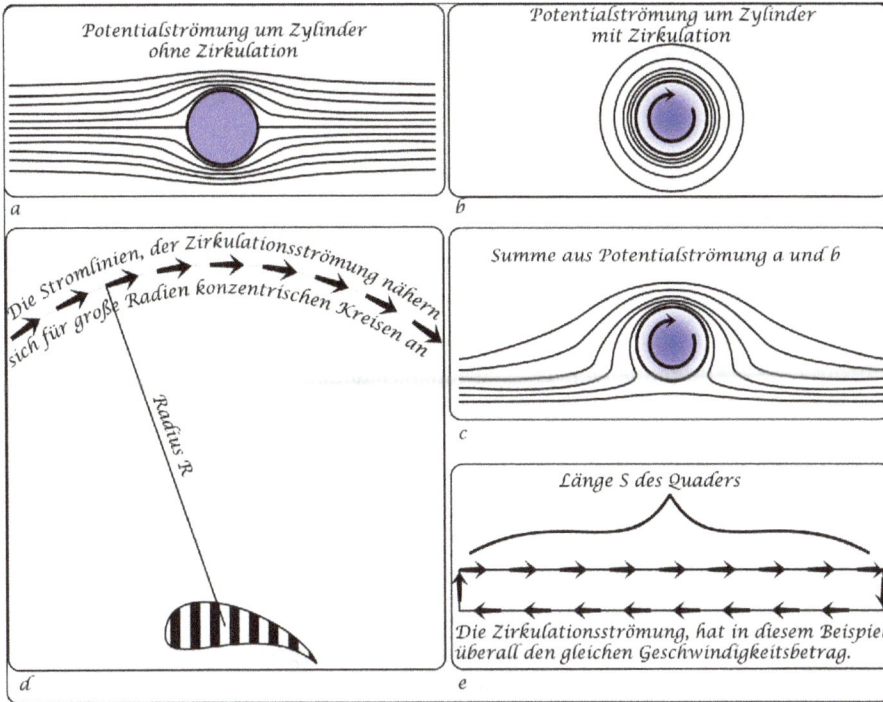

Im Bild:

Potentialströmung um Zylinder ohne Zirkulation

a

Potentialströmung um Zylinder mit Zirkulation

b

Die Stromlinien, der Zirkulationsströmung nähern sich für große Radien konzentrischen Kreisen an

Radius R

d

Summe aus Potentialströmung a und b

c

Länge S des Quaders

Die Zirkulationsströmung, hat in diesem Beispiel überall den gleichen Geschwindigkeitsbetrag.

e

Abb. 1.10: Geometrische Vereinfachung der Auftriebsströmung.

sächlich der Intuition entsprechend harmonisch umströmt wird, so wie es in Bild 1.3 und 1.4 dargestellt wird.

Aus diesem Grund ist es wichtig, sich zwei Eigenschaften von Strömungen zu vergegenwertigen.

1. Eine Potentialströmung ohne Zirkulation übt keine Kraft auf in ihr sich befindende Strömungskörper aus und damit kann sie auch keinen Auftrieb liefern.

2. In einer reibungsfreien Strömung können keine Wirbel entstehen oder vergehen.

Ruhende Luft besitzt keine Geschwindigkeit und damit auch keine Wirbel oder Zirkulation.

Die Ausgangsbedingung für einen Jumbo Jet, der in dieser Potentialströmung starten will, sind also schlecht.

Keine Wirbel oder keine Zirkulation, bedeuten nach allen bisherigen Erkenntnissen, dass kein Auftrieb existiert.

Aber warum haben wir trotzdem das Gefühl von einer Leitschaufel, wenn sie gar nicht die Luft leiten kann, da die Luft ganz extreme Bewegungen um die Leitschaufel herum vollzieht, nur um das Gesetz der Kraftlosigkeit bei fehlender Zirkulation durchzusetzen?

Es ist ungefähr die gleiche Frage, warum stellt man eine Vase in das Regal.

Das Regal stellt dabei die Leitschaufel dar. Wenn in meinem physikalischen Modell alle Reibungskräfte ausgeblendet werden, wird sich die Vase im Regal nach dem Absetzen mit einer vertikalen Restgeschwindigkeitskomponente und kleinster anderer Störungen, nicht leiten lassen in dem Regal stehen zu bleiben, sondern ewig umherhüpfen, bis sie vom Regal herunterfällt, und wenn sie dabei nicht kaputt geht, bis in alle Ewigkeit in der ganzen Welt herumzuhüpfen.

Ähnlich sind die Verhältnisse in dem Modell der Potentialströmung.

Damit unsere gewohnte Anschauung nicht ins Strudeln kommt, brauchen wir einen kleinen Anteil an Reibung, wobei hier allein die tangential an der Flügeloberfläche angreifenden Reibungskräfte von entscheidender Bedeutung sind.

Nur diese Kräfte können letztendlich eine Zirkulationsströmung bewirken und damit die für den Auftrieb erforderliche Kraft hervorrufen.

Erst in Folge der als Katalysator dienenden Reibungskraft kann demnach die Zirkulation und damit einhergehend die Auftriebskraft entstehen. Nach dem Entstehen des Auftriebes können die Reibungskräfte vernachlässigt werden, sodass das Modell der Potentialströmung dann gerechtfertigt ist, genau so wie es vernünftig ist, Regale an die Wand zu schrauben.

Salopp kann man es bildlich gesprochen auch so formulieren, dass eine reine Potentialströmung, was die an einem Strömungskörper hervorgerufenen Kräfte anbelangt, blind ist. Das heißt bildlich gesprochen, ihr ist es egal ob es sich bei dem Strömungskörper um einen Gesteinsbrocken oder um einen Tragflügel handelt, entscheidend ist für die Existenz einer Kraft nur ob eine Zirkulation besteht.

Entstehung des Auftriebes

Bevor ein Flugzeug startet, ist der Wert der Zirkulation gleich null. Das heißt aber, auch dass nach der Beschleunigungsphase eines Flugzeuges im Modell der Potentialströmung keine Zirkulation existiert und damit auch keine Auftriebskraft vorhanden ist.

Die Folge wird sein, dass sich zunächst eine auftriebslose Strömung bildet.

Bei einer auftriebslosen Potentialströmung um einen für normalen Auftrieb konzipierten Tragflügel, mit dem dafür eingestellten geeigneten Anstellwinkel (Winkel, zwischen Profilsehne und Strömungsrichtung, der noch unbeeinflussten weit entfernten Luft), sind an der Hinterkante die Stromlinien extrem nach oben gebogen (Bild 1.11). Das Strömungsbild unterscheidet sich also wesentlich von dem in Bild 1.5 und Bild 1.6.

Diese Situation stellt aber keine stationäre Strömung dar, d. H. diese Strömung wird sich mit der Zeit ändern, denn die Umströmung der Hinterkante des Flügels bedeutet in einer idealen Potentialströmung, dass unendlich große Geschwindigkeiten im Bereich der scharfen Hinterkante auftreten, da nur dann die Wirbelfreiheit bestehen bleibt. Selbst bei stumpfen Winkeln würde die die Potentialströmung beschreibende Differentialgleichung als Lösung unendlich große Geschwindigkeiten in den Bereichen eines umströmten Körpers erfordern, in denen Unstetigkeiten im Verlauf seiner Kontur (Ecken)

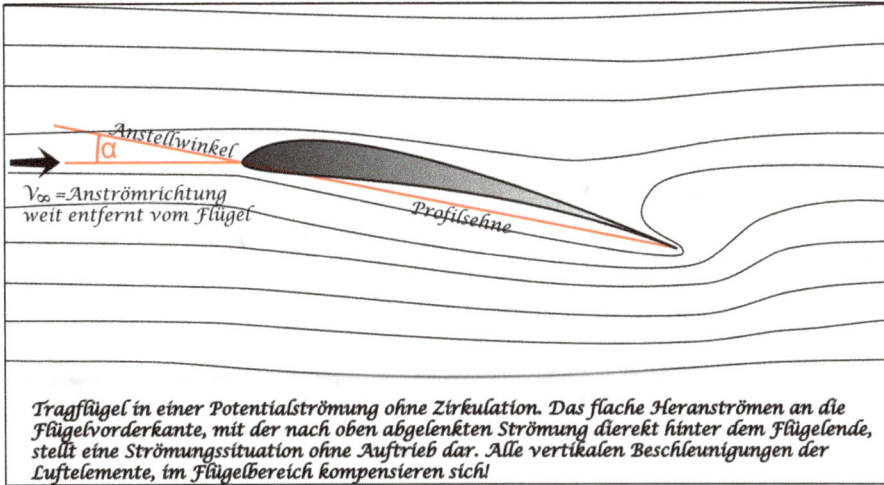

Tragflügel in einer Potentialströmung ohne Zirkulation. Das flache Heranströmen an die Flügelvorderkante, mit der nach oben abgelenkten Strömung direkt hinter dem Flügelende, stellt eine Strömungssituation ohne Auftrieb dar. Alle vertikalen Beschleunigungen der Luftelemente, im Flügelbereich kompensieren sich!

Abb. 1.11: Entstehung der Zirkulation.

existieren. In einer realen viskosen Strömung werden diese theoretisch unendlich großen Geschwindigkeiten, von den dann theoretisch auftretenden unendlich großen tangential an der Flügeloberfläche angreifenden Reibungskräften verhindert.

Erst aufgrund des in Bild 1.11 *skizzierten Einflusses viskoser Kräfte und der damit verbundenen Änderung der Strömung, in eine Strömung mit harmonischem Abfluss (Kutta'sche Abflussbedingung),*[4] *an der Profilhinterkante (Bild* 1.12*), entsteht schließlich die für den Auftrieb notwendige Zirkulation (Bild* 1.13*).*

Den hier beschriebenen „Widerstreit" der beiden Strömungsmechanismen einerseits keine Änderung der Zirkulation zuzulassen und andererseits aufgrund der hohen viskosen Kräfte eine Zirkulation entstehen zu lassen findet immer dann statt, wenn Auftrieb entstehen soll, z. B. bei einem startenden Flugzeug.

Die nach dem Start entstandene Auftriebsströmung kann wegen der dann nicht mehr vorhandenen starken Reibungskräfte wieder als Potentialströmung mit vorhandener Zirkulation idealisiert werden.

Der Anfahrwirbel

Jeder Wirbel in einem Fluid impliziert, dass eine bestimmte Menge an Fluidelementen einen Drehimpuls besitzt!

Wird also beispielsweise beim Start eines Flugzeuges eine Zirkulation entstehen, so bedeutet das, dass im Bereich des Flugzeuges, (Auftriebskörpers) das umgebende Fluid einen Drehimpuls erhalten hat. Aufgrund des Drehimpulserhaltungssatzes wird

---

4 Dieses Phänomen wurde 1902 von dem Mathematiker Kutta entdeckt.

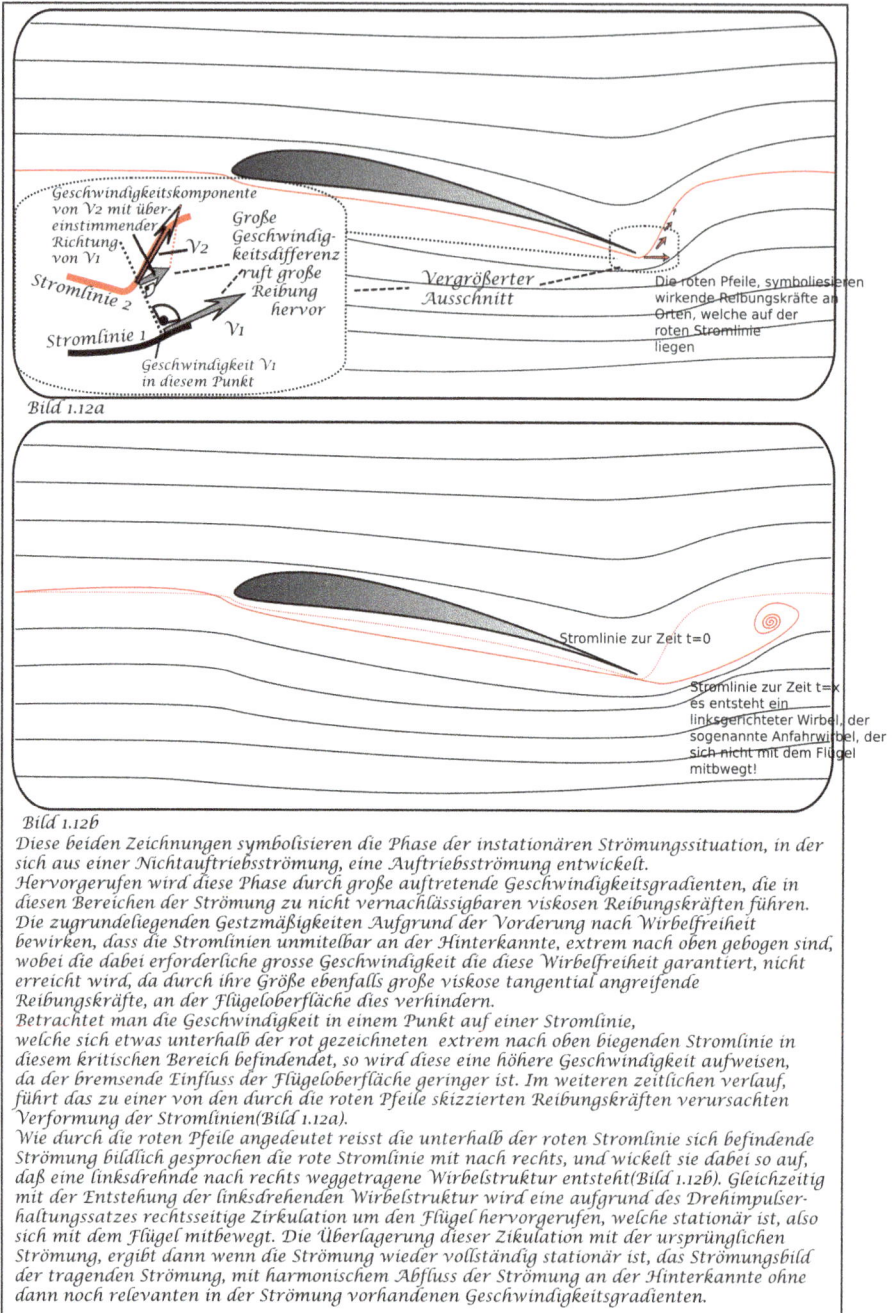

Geschwindigkeitskomponente
von V_2 mit über-
einstimmender
Richtung.
von V_1

V_2

Große
Geschwindig-
keitsdifferenz
ruft große
Reibung
hervor

Stromlinie 2

Stromlinie 1

V_1

Geschwindigkeit V_1
in diesem Punkt

Vergrößerter
Ausschnitt

Die roten Pfeile, symbolisieren
wirkende Reibungskräfte an
Orten, welche auf der
roten Stromlinie
liegen

Bild 1.12a

Stromlinie zur Zeit t=0

Stromlinie zur Zeit t=x
es entsteht ein
linksgerichteter Wirbel, der
sogenannte Anfahrwirbel, der
sich nicht mit dem Flügel
mitbewegt!

Bild 1.12b

Diese beiden Zeichnungen symbolisieren die Phase der instationären Strömungssituation, in der
sich aus einer Nichtauftriebsströmung, eine Auftriebsströmung entwickelt.
Hervorgerufen wird diese Phase durch große auftretende Geschwindigkeitsgradienten, die in
diesen Bereichen der Strömung zu nicht vernachlässigbaren viskosen Reibungskräften führen.
Die zugrundeliegenden Gestzmäßigkeiten Aufgrund der Vorderung nach Wirbelfreiheit
bewirken, dass die Stromlinien unmitelbar an der Hinterkannte, extrem nach oben gebogen sind,
wobei die dabei erforderliche grosse Geschwindigkeit die diese Wirbelfreiheit garantiert, nicht
erreicht wird, da durch ihre Größe ebenfalls große viskose tangential angreifende
Reibungskräfte, an der Flügeloberfläche dies verhindern.
Betrachtet man die Geschwindigkeit in einem Punkt auf einer Stromlinie,
welche sich etwas unterhalb der rot gezeichneten extrem nach oben biegenden Stromlinie in
diesem kritischen Bereich befindendet, so wird diese eine höhere Geschwindigkeit aufweisen,
da der bremsende Einfluss der Flügeloberfläche geringer ist. Im weiteren zeitlichen verlauf,
führt das zu einer von den durch die roten Pfeile skizzierten Reibungskräften verursachten
Verformung der Stromlinien(Bild 1.12a).
Wie durch die roten Pfeile angedeutet reisst die unterhalb der roten Stromlinie sich befindende
Strömung bildlich gesprochen die rote Stromlinie mit nach rechts, und wickelt sie dabei so auf,
daß eine linksdrehnde nach rechts weggetragene Wirbelstruktur entsteht(Bild 1.12b). Gleichzeitig
mit der Entstehung der linksdrehenden Wirbelstruktur wird eine aufgrund des Drehimpulserhaltungssatzes rechtsseitige Zirkulation um den Flügel hervorgerufen, welche stationär ist, also
sich mit dem Flügel mitbewegt. Die Überlagerung dieser Zikulation mit der ursprünglichen
Strömung, ergibt dann wenn die Strömung wieder vollständig stationär ist, das Strömungsbild
der tragenden Strömung, mit harmonischem Abfluss der Strömung an der Hinterkannte ohne
dann noch relevanten in der Strömung vorhandenen Geschwindigkeitsgradienten.

Abb. 1.12: Die Kutta'sche Abflussbedingung und der Anfahrwirbel.

allerdings gefordert, dass der Gesamtdrehimpuls in dem gesamten Fluidmeer konstant bleibt, also den Betrag Null besitzt. Da allerdings kein Gesamtdrehimpuls vor dem Start des Flugzeuges oder allgemeiner vor der Entstehung von Auftrieb an einem Auftriebskörper existierte, so wird demnach gefordert, dass auch nach der Entstehung von Auftrieb und der damit verbundenen Existenz von einem lokalen sich mit dem Auftriebskörper mitbewegenden drehimpulsbehafteten Strömungsgebiet nach dem Drehimpulserhaltungssatz irgendwo anders in dem Fluidmeer ein lokales mit einem gegensätzlichen Drehimpuls behaftetes Strömungsgebiet gebildet hat, sodass sich beide Drehimpulse gegenseitig aufheben. Es handelt sich hierbei um das mit Anfahrwirbel bezeichnete Strömungsgebiet, welches an der Stelle des Fluides zurückbleibt an der es entstanden ist. Aufgrund von viskoser Reibung wird dieser Anfahrwirbel mit der Zeit zunehmend an Energie verlieren (dissipieren) und mit fortschreitender Zeitdauer wird der Bereich der beeinflussten Fluidelemente bei abnehmender Geschwindigkeit immer größer. Wegen dem Zusammenhang der quadratisch von der Geschwindigkeit abhängenden Energie nimmt diese somit insgesamt im Lauf der Zeit immer weiter ab, wobei der Gesamtdrehimpuls des betroffenen immer größer werdenden Gebietes konstant bleibt, dieser aber aufgrund der immer kleiner werdenden Geschwindigkeiten bald nicht mehr wahrgenommen und nachgewiesen werden kann.

Praktische Überlegungen zur Formgebung von Auftriebsprofilen

Den bisherigen Gedanken folgend ermöglicht die lang gezogene Profilform eines Auftriebskörpers einschließlich seiner spitz zulaufende Hinterkante den Auftrieb. Hierbei wird es natürlich die verschiedensten Merkmale bei der Formgebung eines Auftriebskörpers geben, die mehr oder weniger gut die einer Potentialströmung ähnelnden Strömungsmuster ermöglichen. Ziel einer solcher Auswahl von Formen ist es auch in Anbetracht eines möglichst großen Anströmwinkels eine potentialströmungsähnliche Strömung aufrechtzuerhalten.

Es liegt allerdings in der Natur der Sache, dass irgendwann eine Grenze der Größe des Anströmwinkels erreicht wird, bei der bildlich ausgedrückt die Strömung einen länglichen Strömungskörper nicht mehr erkennen kann!

In der Praxis sind maximale Anströmwinkel von 10 bis 15 Grad realistisch um noch potentialströmungähnliche reale Strömungen um Auftriebskörper zu erhalten.

Werden diese Anströmwinkel überschritten, treten zunehmend turbulente, sich negativ auf den Auftrieb aber auch negativ auf die Erzielung eines möglichst geringen Strömungswiderstandes auswirkende Phänomene in den Vordergrund, die sehr spontan auftreten können, was in der Fliegersprache als Strömungsabriss bezeichnet wird. Somit zeigt sich damit manchmal mit dramatischen Auswirkungen, dass chaotisches Verhalten (Turbulenz) eine in der Regel bei Strömungen existierende Eigenschaft ist.

Das Aufsuchen eines hinsichtlich oben genannter Kriterien optimal geformten Auftriebsströmungskörpers in Abhängigkeit von vorgegeben Parametern stellt eine regelrechte Kunst dar.

An dieser Stelle werden hier nur ganz grob einige dabei zu berücksichtigende Eigenschaften erörtert.

Mit zunehmender Profildicke werden die an einer Profiloberfläche in einer Auftriebsströmung naturgemäß existierenden Geschwindigkeitsdifferenzen ebenfalls zunehmen. Selbst bei Nichtauftriebsströmungen existieren Geschwindigkeitsdifferenzen an der Profiloberfläche, die mit zunehmender Profildicke größer werden.

Aufgrund der sich an der Profiloberfläche ausbildenden Grenzschicht,[5] können in dieser keine stationären Geschwindigkeitsunterschiede und damit auch keine Druckdifferenzen existieren, ohne vermehrt turbulente Strömungsmuster zu erzeugen, weshalb Profile mit zunehmender Dicke diese negativen Effekte zunehmend verstärken.

Es gibt unter anderem zwei entscheidende Argumente, die allerdings dagegen sprechen, Profile allzu dünn zu wählen. Zum einen ist da das Problem der statischen Festigkeit zu nennen, was umso mehr in den Vordergrund tritt, je größer die Streckung eines Tragflügels ausfällt (Erklärung des Begriffes Streckung in Kapitel induzierter Widerstand).

Gegen ein dünnes Profil spricht in diesem Zusammenhang, dass sich die statische Festigkeit bei gleicher Masse der statischen Bausubstanz proportional zum Quadrat der Dicke des Flügelprofils verhält!

Der andere Grund, der gegen extrem dünne Tragflügelprofile spricht, ist von aerodynamischer Natur.

Ein extrem dünnes Profil, wie es z. B. in Bild 1.5 skizziert ist, kann nur bei einem ganz bestimmten Anströmwinkel seine Aufgabe als effektvoller Auftriebskörper erfüllen, da sonst erhebliche Turbulenzen an der dann schräg angeströmten scharfen Profilvorderkante hervorgerufen werden.

Nur in dem Fall, in dem der Anströmwinkel exakt der Tangente der Profilform an der Vorderkante entspricht, ist somit eine effiziente Auftriebsströmung möglich!

In der Praxis sind derart konstante Anströmwinkel schwer zu realisieren, insbesondere in dem Fall, in dem das Strömungsmedium selbst schon bis zu einem bestimmten Grad turbulent ist.

Eine gewisse Rundung des Profiles an der Vorderseite (das Maß dieser Rundung wird als Nasenkreisradius bezeichnet), ist also in vielen Fällen als Kompromiss in der Realität erwünscht.

Die in der Praxis sich bewährenden Profildicken bewegen sich gewöhnlich in einem Bereich der unter 10 % der Flächentiefe liegt.

---

5 Der Bereich der Strömung direkt an der Oberfläche des Strömungskörpers in dem aufgrund von viskoser Reibung senkrecht zur Strömungsrichtung ein Geschwindigkeitsgradient hervorgerufen wird.

Zusammenfassung des Potentialauftriebsströmungsmodells

Zusammenfassend kann man sagen, dass mithilfe des Modells der Potentialströmung im Vergleich zu realen komplizierten Strömungsbetrachtungen, der grundlegende Mechanismus einer Auftriebsströmung erkennbar wird.

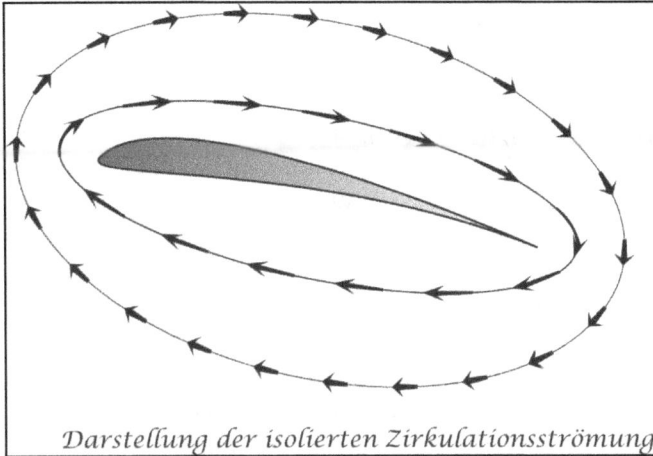

Darstellung der isolierten Zirkulationsströmung.

Abb. 1.13: Die Zirkulation isoliert dargestellt.

Diese in Bild 1.13 dargestellte Zirkulationsströmung entsteht im Strömungsfeld eines Auftriebskörpers.

Es ist der isoliert dargestellte Anteil der Gesamtströmung, der aufgrund der tangential an der Flügeloberfläche angreifenden Reibungskräfte entstanden ist.

Die Zirkulationsströmung bewegt sich mit dem Auftriebskörper mit (gebundene Zirkulation).

Ein Beobachter im Bezugssystem der ruhenden Luft, also z. B. ein Beobachter auf der Erde, misst bei einer Momentaufnahme eines vorbeifliegenden Flugzeuges mit den geeigneten Messgeräten diese Strömung um den Flügel herum.

Bild 1.14 zeigt, wie sich die Gesamtströmung aus dieser Zirkulation und der zirkulationsfreien Strömung zusammensetzt.

Die Auftrieb erzeugende Strömung stellt demnach die Addition des Nichtauftriebsfeldes und der Zirkulation dar (Addition der Geschwindigkeitskomponenten von beiden Strömungsfeldern)

Dass man die resultierende Strömung auf diese einfache Art durch Summation erhält, ist ein schönes Beispiel dafür, dass die Summe zweier Lösungen der linearen die Potentialströmung beschreibenden Laplace-Gleichung wieder eine Lösung darstellt.

Die Größe der Zirkulation in Bild 1.12a entspricht der Größe der Zirkulation in Bild 1.12c.

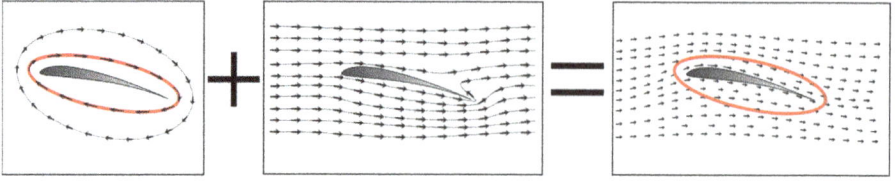

Abb. 1.14: Summe aus Translations- und Zirkulationsströmung.

Analytisch ermittelte Größen einer Auftriebsströmung

Neben dem bisher mithilfe des Potentialströmungsmodelles hergeleiteten wichtigen quantitativen Zusammenhangs von Auftriebskraft, Anströmgeschwindigkeit und Zirkulation, der eine gewisse Abschätzung der zu erwartenden Werte in einer realen Strömung ermöglicht, kann man weitere einfache auf den bisherigen Annahmen beruhende mathematische Modelle konstruieren.

An dieser Stelle ist es gut zu verinnerlichen, dass die Dinge nicht mehr allzu sehr erleuchtet werden, wenn man pedantisch Potentiallösungen für ganz spezielle Profilformen sucht. Wie schon erwähnt wurde, gerät die realistische Beschreibung von Auftriebsströmungen mit dem Potentialströmungsmodell bei Anströmwinkeln von über 10 bis 15 Grad an ihre Grenzen. Das gleiche gilt für spezielle grenzschichtspezifische kritische Auftriebsströmungen, auch unterhalb dieses Anströmwinkelbereiches, insbesondere bei niedrigen Reynolds-Zahlen.

Um folglich den dynamischen Auftrieb betreffende besondere Feinheiten von Profilformen zu untersuchen, eignet sich das Potentialströmungsmodell nicht mehr.

Die wichtigsten aus ihm zu ziehenden Erkenntnisse beschränken sich auf den bisher dargestellten Mechanismus, der dem dynamischen Auftrieb zugrunde liegt!

Zu den noch gut zu beantwortenden Fragen einer dynamischen Auftriebsströmung mit dem Potentialströmungsmodell gehört z. B. die Frage nach der Beziehung von der Größe der Auftriebskraft zur Wölbung des Profils und zur Anströmrichtung oder aber Fragen nach dem mit dem Druckpunkt bezeichneten Ort, an dem die Auftriebskraft angreift und Fragen danach, wie die Lage dieses Punktes sich mit dem Anströmwinkel ändert.

Eine sehr klare Darstellung solcher mathematischer Techniken findet man in dem Aerodynamik-Skript [2].[6] Es wird dort gezeigt, dass man dünne Profile gut durch ein entlang ihrer Mittellinie verteiltes Wirbelsystems darstellen kann (Skeletttheorie). Formuliert man die Einschränkungen dieses Wirbelsystems den Randbedingungen entsprechend so, dass die Summe aus Anströmgeschwindigkeit $V\infty$ und induzierter Wirbelgeschwindigkeit an der Linie immer parallel ausgerichtet ist (die Strömung darf nicht

---

6 Prof.Rill, Hochschule Bremen, Aerodynamik Script, kann im Internet kostenlos gespeichert werden.

durch die Profiloberfläche hindurchströmen), so ist die Kuttasche Abflussbedingung automatisch erfüllt, was die Rechnung weiter vereinfacht. Nur aus diesen wenigen Grundannahmen erhält man schließlich ohne Anwendung von numerischen Rechenverfahren analytisch die gesuchten auftriebsspezifischen Werte.

Im Anhang wird am Beispiel eines symmetrischen Profils die Berechnung von Auftriebsströmungen um dünne Profile (Skeletttheorie) erläutert.

Ebenfalls im Anhang wird eine Technik erläutert, wie mithilfe konformer Abbildungen theoretisch Potentialströmungen um beliebige Profile bestimmt werden können.

Drei wichtige aus derartigen Rechnungen bestimmbare Größen werden nachfolgend betrachtet.

Eine erste betrachtete Kennzahl beschreibt die Lage des Druckpunktes, dem Punkt an dem die resultierende von der Strömung verursachte Kraft an dem Flügel angreift.

---

1. Der Druckpunkt eines symmetrischen Profils befindet sich unabhängig vom Anstellwinkel, bei 25 % der Flächentiefe.

Die Kenntnis vom Ort des Druckpunktes und insbesondere die Kenntnis der Abhängigkeit seines Ortes vom Anstellwinkel ist für die Bestimmung der flugdynamischen Stabilität wichtig (Bei der Gesamtbetrachtung eines Flugzeuges muss hier noch der Einfluss aller an geströmten Flächen des Rumpfes und der Ruderflächen sowie der Einfluss des Antriebes mitberücksichtigt werden). Ein sich gleichförmig fortbewegendes Flugzeug wird seine Ausrichtung um die Querachse in dem Fall nicht ändern, in dem Druckpunkt und Schwerpunkt den gleichen Ort besitzen. Andernfalls wird jedoch ein Drehmoment auftreten, welches eine Richtungsänderung des Flugzeuges bewirkt.

Für die dynamische Stabilität des Flugzeuges ist entscheidend, ob sich mit größer werdendem Anstellwinkel der Druckpunkt in Flugrichtung bewegt (es besteht eine instabile Flugdynamik), ob der Druckpunkt unverändert bleibt (die Flugdynamik ist labil) oder ob er sich in die der Flugrichtung entgegengesetzte Richtung bewegt (die Flugdynamik ist stabil). Sehr viele Hobbykonstrukteure bei Modellfliegern haben schon schmerzliche Erfahrungen mit schlecht kontrollierbaren dynamisch instabilen Flugzeugen gemacht.

Der zweite Wert beschreibt wie sich der Auftriebsbeiwert C_a mit dem Anstellwinkel α ändert.

Der Auftriebsbeiwert C_a ist bei konstanter Anströmgeschwindigkeit proportional zum Auftrieb und umgekehrt proportional zur Fläche des Auftriebskörpers. Dieser Wert wird im Zusammenhang von Strömungen, aus naheliegenden Gründen einer Angabe von Kräften meistens vorgezogen (eine ausführlichere Erklärung den C_a-Wert betreffend, befindet sich im Kapitel Dimensionslose Kennzahlen).

---

2. $C_a \approx 2 \cdot \pi \cdot \alpha$.

Im Falle eines symmetrischen Profils entfällt bei diesem elementaren Zusammenhang das Proportionalitätszeichen, zugunsten eines Gleichheitszeichens (tiefergehende Darstellung in Skeletttheorie-Gleichung (A.4), (A.5)).

Der dritte Wert repräsentiert, die Auftriebskraft F_a pro Spannweiteneinheit L, in Abhängigkeit des in Bild 1.7 erläuterten Zusammenhanges von der Zirkulation Γ, bei der Dichte ρ und der Anströmgeschwindigkeit v_∞.

---

3. $F_a/L = v_\infty \cdot \rho \cdot \Gamma$.

Die in Punkt 3 gezeigte Gesetzmäßigkeit führt zu zwei weiteren Erkenntnissen im Hinblick auf das Verhalten der Auftriebskraft; einmal zur Anströmgeschwindigkeit bei gleichen Anstellwinkeln und zum Anderen auf deren Verhalten zur Flächentiefe, bei ebenfalls konstantem Anstellwinkel.

Intuitiv ist es naheliegend anzunehmen, dass in beiden Fällen ein proportionaler Zusammenhang besteht.

Man kann zeigen, dass diese Intuition richtig ist, indem man im ersten Fall, in dem wieder von der Eigenschaft einer Potentialströmung Gebrauch gemacht wird, dass die Summe aus zwei Lösungen wieder eine Lösung ist.

Hat man die Lösung einer Auftriebsströmung um ein Profil gefunden bei dem die Kuttasche Abflussbedingung erfüllt ist, so ist die Summe der identischen Auftriebsfelder wieder eine Lösung, die aufgrund der sich in jedem Raumpunkt verdoppelten Werte der Geschwindigkeitskomponenten die gleichen Stromlinien besitzt.

Gleiche Stromlinien bedeuten aber, dass auch in dieser Strömung die Kuttasche Abflussbedingung erfüllt ist. Wichtig ist festzustellen, dass bei Verdoppelung der Anströmgeschwindigkeit und Beibehaltung der Kuttaschen Abflussbedingung, sich folglich aufgrund der Verdoppelung aller Geschwindigkeitswerte auch der Wert für die Zirkulation verdoppelt hat!

Ganz allgemein kann man auf diese Weise zeigen, dass sich bei gleichbleibendem Anstellwinkel die Zirkulation proportional zur Anströmgeschwindigkeit verhält, weshalb die Auftriebskraft bei konstantem Anstellwinkel proportional zum Quadrat der Geschwindigkeit anwächst. Sie hängt also in der gleichen Weise von der Anströmgeschwindigkeit ab, wie die Zentripetalkraft des geschleuderten Hammers von seiner Geschwindigkeit, in der Analogie zum Auftrieb in Bild 1.15!

Zur Erkenntnis, dass auch der zweite Teil der intuitiven Annahme richtig ist, gelangt man wenn bei gleichbleibender Anströmgeschwindigkeit, gleichbleibendem Anstellwinkel und gleichbleibender Profilgeometrie die Größe des Profils geändert wird. Ein die Kuttasche Abflussbedingung erfüllendes Auftriebsströmungsfeld skaliert dann mit der Änderung der Profilgröße. D. h. dass sich der Wert der Zirkulation und damit der Wert der Auftriebskraft, proportional zur Flächentiefe verhält.

Zusammenfassung der bisherigen Betrachtungen

Bei einem sich in einer inkompressiblen Strömung befindenden Auftriebskörper sind die Stromlinien in seiner unmittelbaren Nähe so gekrümmt, dass deren Krümmungsmittelpunkte vom Profil aus gesehen in die entgegengesetzte Richtung des Flügelauftriebs zeigen.

Man sieht immer das gleiche Krümmungsprofil der Stromlinien, ob beim normalen Tragflügel, ob beim Segel eines Segelschiffes oder bei einem Multideckerflugzeug, bei dem beliebig viele Flügel übereinander angeordnet sind (ähnlich wie die Turbinenschaufeln in Triebwerken).

Die Luft erfährt also augenscheinlich in diesem Bereich eine Beschleunigung, die der Auftriebskraft entgegengerichtet ist!

Das Zustandekommen der Beschleunigungskräfte ist vergleichbar mit der auf den Hammer wirkenden Beschleunigungskraft in Bild 1.15, die von Hammerwerferin Katrin Klaas, durch das Entgegenstemmen ihres Körpers kompensiert werden muss.

Zu zeigen, dass Zentripetalkräfte der sich auf gekrümmten Bahnen bewegenden Luftteilchen, dem von Newton formulierten Prinzip Actio gleich Reactio entsprechend eine resultierende Auftriebskraft am Flügel hervorrufen, vermittelt den wesentlichen Aspekt des Phänomens des dynamischen Auftriebs.

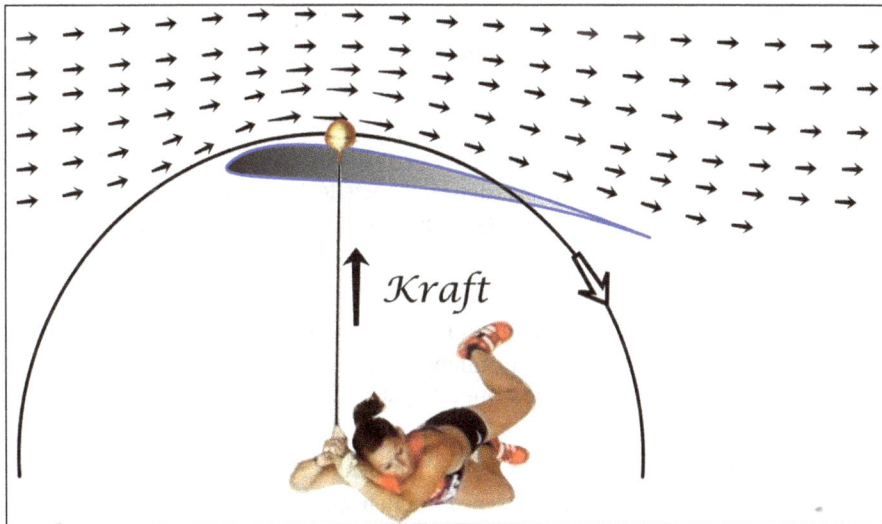

Abb. 1.15: Analogie der dynamischen Auftriebskraft zur Zentrifugalkraft.

Voraussetzung für die Umlenkung der Luft ist die Entstehung einer Zirkulation, die bewirkt, dass die Strömung der Intuition entsprechend glatt an der Hinterkante des Profils abfließt.

Bis auf kleine Bereiche an der Profiloberfläche kann man die Strömung in guter Näherung als Potentialströmung auffassen, solange der Anströmwinkel keine zu großen Werte annimmt. Die Tendenz der Strömung Wirbelfreiheit zu behalten, führt bei der Entstehung einer Auftriebsströmung im Bereich von unsteten Rändern wie z. B. der Hinterkante des Flügels am Anfang zu hohen Geschwindigkeiten in diesen Bereichen und einer Umströmung der Hinterkante bei der die Fluidelemente sich auf stark gekrümmten Stromlinien bewegen. Die von den hohen Geschwindigkeiten hervorgerufenen hohen viskosen Reibungskräften verhindern schließlich eine derartige Umströmung der Hinterkante, sodass im folgenden Verlauf der entstehenden Auftriebsströmung durch die Ausbildung einer Zirkulation und dem einmaligen Abwandern des Anfahrwirbels, die Strömung harmonisch an der Hinterkante abfließt. An dem Profil greift schließlich eine von der Strömung hervorgerufene Auftriebskraft an, wobei die Strömung näherungsweise wirbelfrei ist, weshalb sie als Potentialströmung betrachtet werden kann.

Weiter kann man mit Bernoulli argumentieren, dass zu einem hohen Druck ein niedriger und zu einem niedrigen Druck ein hoher Geschwindigkeitsbetrag gehört.

Bei Strömungsgeschwindigkeiten nahe der Schallgeschwindigkeit oder darüber, reichen die bisher angestellten Überlegungen nicht mehr aus um das Wesen des dynamischen Auftriebes zu erklären. Bei solchen Strömungen muss insbesondere der Einfluss der Kompressibilität eines Fluides mit in die Betrachtungen einbezogen werden.

Erreicht man, dass hervorgerufene Druckstörungen, die sich mit Schallgeschwindigkeit ausbreiten, vorrangig in dem unteren Profilbereich entstehen, so wird eine dynamische Auftriebskraft an dem Strömungskörper hervorgerufen, da an diesen Stellen Impuls auf die Luft übertragen wird. Aufgrund, der damit verbundenen permanenten Schallabstrahlung, ist im Gegensatz zu einer inkompressiblen Strömung bei Vernachlässigung von Reibung und Turbulenz, keine verlustfreie Auftriebserzeugung möglich. Ähnlich wie bei dem Schrottmodell werden jetzt anstelle der im Schrottmodell nach unten beschleunigten Kugeln, Phononen (Schallwellen) abgestrahlt, mit der Konsequenz des permanenten Stromes von Impuls und Energie in die Atmosphäre und manchmal auch in zersplitternde Glasscheiben am Boden.

Bei dem Wiedereintritt von Raumfahrzeugen in die Atmosphäre mit vielfacher Überschallgeschwindigkeit ist darüber hinaus aufgrund der großen Molekülabstände in der dort sehr dünnen Atmosphäre, zum Teil eine gewisse Gültigkeit des primitiven Schrottmodells gegeben.

Zur erstmaligen Verdeutlichung des dynamischen Auftriebsprinzips für Kinder oder technisch unerfahrene, ist das Schrottmodell mit seinen an dem Auftriebskörper nach unten abprallenden Kugeln gerade wegen seiner Universalität und seiner Einfachheit gut geeignet.

Die in den Abbildungen 1.16 und 1.17 diskutierten Eigenschaften einer inkompressiblen stationären Potentialströmung haben nur indirekt mit dem Thema Auftrieb zu tun. Sie können allerdings hilfreich sein, um einige der hier betrachteten Eigenschaften von einfachen Strömungen, abschließend noch einmal zu vertiefen. Sie zeigen auf ihre Art, wie nützlich es sein kann, sich die Dinge zu veranschaulichen.

Gedankenexperiment Potentialwirbel

Potentialwirbel

Bei dieser Strömung um einen sich drehenden Zylinder (roter Kreis), verhält sich der Wert der Strömungsgeschwindigkeit umgekehrt proportional zum Radius. Daraus folgt daß die Zirkulation ungleich Null ist. Die Wirbelstärke ausserhalb des sich drehenden Zylinders, ist überall gleich Null, weshalb es sich um eine Potentialströmung handelt.

Lässt man den roten Zylinder weg, so würde eine Singularität (das Strömungsfeld nimmt in einem unendlich kleinem Bereich unendlich große Werte an) im Zentrum entstehen. In der Natur kommen ganz ähnliche Strömungen vor, da in ihr aber keine roten Zylinder vor kommen, und auch keine unendlich grossen Strömungsgeschwindigkeiten, aufgrund der dann in das unermessliche anwachsenden viskosen Kräfte möglich sind, wird die Singularität des mathematischen Modelles im Zentrum z.B eines Tornados, durch hohe Geschwindigkeits- werte angenähert.

Bei der nächsten Fernsehsendung über Tornados sollte man darauf achten, ob die dort zu sehenden umher ´´zirkulierenden´´ Trümmerteile sich nicht um die eigene Achse drehen, denn das wäre ein Indiz dafür, dass in diesem Bereich eine annähernde Potentialströmung herrscht, da keine Wirbel vorhanden sind, obwohl man die Auswirkungen der Zirkulation sehr bitter erfährt!

Veranschaulicht man sich bei Zulassung kleinen Einflusses viskoser Reibungskräfte, die Bewegung der Körper(symbolisiert durch blaue Rechtecke welche das gleiche speziefische Gewicht, wie das Fluid besitzen), so ist offensichtlich dass Aufgrund der nach innen zunehmenden Geschwindigkeit, diese sich nicht um die eigene Achse drehen, wodurch die Wirbelfreiheit in dieser Strömung eine Anschauung erhält. Man kann dieses Experiment in der Badewanne machen, in dem man ein Streichholz in die nach Ziehen des Stöpsels entstehende nahezu wirbelfreie Abflussströmung legt und beobachtet, daß das Streichholz seine Richtung recht gut beibehält. Die Druckverhältnisse bei einer solchen um ein Zentrum rotierenden Strömung, werden aufgrund der Zentrifugalkräfte aussen zu höheren Werten führen. In dem hier beschriebenen Fall, einer stationären Potentialströmung, kann der Druck wegen Gültigkeit der Bernoulligleichung an jedem Ort der Potentialströmung über die oben angegebene Strömungsgeschwindigkeit bestimmt werden.

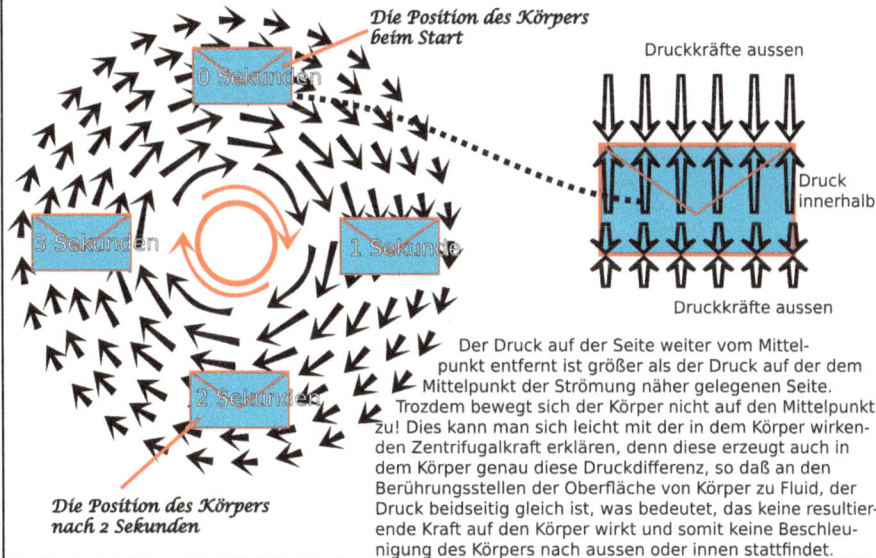

Die Position des Körpers beim Start

0 Sekunden

3 Sekunden

1 Sekunde

2 Sekunden

Die Position des Körpers nach 2 Sekunden

Druckkräfte aussen

Druck innerhalb

Druckkräfte aussen

Der Druck auf der Seite weiter vom Mittel- punkt entfernt ist größer als der Druck auf der dem Mittelpunkt der Strömung näher gelegenen Seite. Trozdem bewegt sich der Körper nicht auf den Mittelpunkt zu! Dies kann man sich leicht mit der in dem Körper wirken- den Zentrifugalkraft erklären, denn diese erzeugt auch in dem Körper genau diese Druckdifferenz, so daß an den Berührungsstellen der Oberfläche von Körper zu Fluid, der Druck beidseitig gleich ist, was bedeutet, das keine resultier- ende Kraft auf den Körper wirkt und somit keine Beschleu- nigung des Körpers nach aussen oder innen stattfindet.

Abb. 1.16: Der Potentialwirbel.

Einsteins Tee

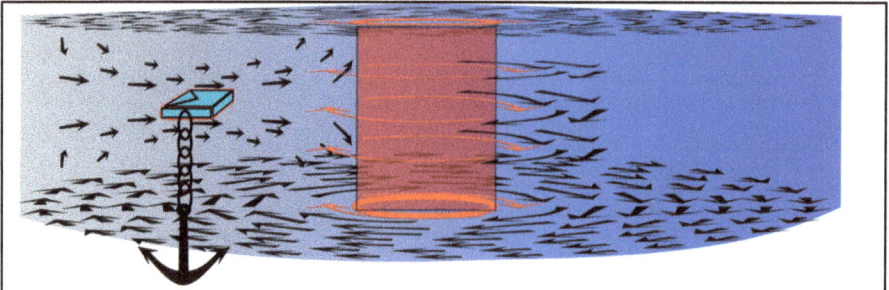

Das Gedankenexperiment in Seitenansicht. Der Körper soll jetzt an seiner Rotationsbewegung gehindert werden, was durch den Anker symbolisiert wird. Die erste Vermutung, daß der Körper nun nach innen beschleunigt wird, da ja die Zentrifugalkraft nun wegfällt, trifft im Modell der reinen wirbelfreien (Potentialströmung) nicht zu, da nach wie vor gilt, daß keine Kräfte auf einen umströmten Körper dann wirken. In der Realität wird aber diese auf den Körper nach innen gerichtete Kraft wegen des Verschwindens der Zentrifugalkraft, tatsächlic existieren. Auf Grund von viskoser Reibung und der damit verbundenen Verminderung, der von dem reinen Potentialströmungsmodell her zu erwartenden Geschwindigkeiten in der Umgebung des festgehaltenen Körpers, ist das Potentialströmungsmodell hier nicht mehr gültig. Da sich aber der Einfluß der Druckverhältnisse vom Strömungsebiet oberhalb und unterhalb des festgehaltenen Körpers, in dem die Potentialströmung noch realisiert ist auch auf den Bereich des festgehaltenen Körpers auswirkt, wird in dessen Bereich aufgrund fehlender Zentrifugalkräfte, eine nach innen gerichtete Kraft auf diesen und seine Umgebung wirken, weshalb beide wie erwartet eine in das Zentrum gerichtete Beschleunigung erfahren.
Das dies auch wirklich so ist, wird durch die Überlieferung bestätigt, daß Albert Einstein sich ähnliche Gedanken gemacht hat, als er die in einer Teetasse beim Umrühren umherwirbelnden Teeblätter beobachtete, die sich dabei immer im Zentrum der Teetasse am Boden ansammeln. Er soll dabei auch eine plausieble Erklärung für diesen Effekt angegeben haben. Vielleich war seine Erklärung ähnlich wie diese. Obwohl die Blätter ein höheres spezifisches Gewicht als der umgerührte Tee haben, weshalb man von daher eine vom Wirbelzentrum nach aussen gerichtete Bewegung erwarten würde, überwiegt scheinbar der Effekt, daß die Blätter und das sie unmittelbar umgebende Flüssigkeitsvolumen aufgrund der viskosen Reibung am Tassenboden eine so starke Abbremsung erfahren, daß sie als Folge der verminderten Zentrifugalkräfte, aus den gleichen wie oben beschriebenen Gründen von einer nach innen gerichteten Strömung erfasst werden.
Im Herbst kann man das gleiche Phänomen auch bei Blättern beobachten, wenn sie in einen sich häufig an Häuserecken bildenden Luftwirbel geraten und sich dabei im Zentrum des Wirbels am Boden konzentrieren.
In noch extremerer Form kann man diese Mechanismen bei Windhosen oder noch extremer bei Tornados beobachten, die Autos, Häuser oder Wassermassen, nicht wie man zunächst aufgrund entshender Zentripetalkräfte vermuten könnte nach aussen schleudern, sondern sie in ihr Zentrum saugen, wo die an der Grenzschicht zwischen Boden und Luft hervorgerufene Strömung soviel Kraft besitzt, diese noch in große Höhen tragen zu können.

Abb. 1.17: Einsteins Tee.

In Bild 1.18 wird der Vollständigkeit halber rein technisch gezeigt, dass die Wirbelstärke in einem Potentialwirbelfeld überall verschwindet.

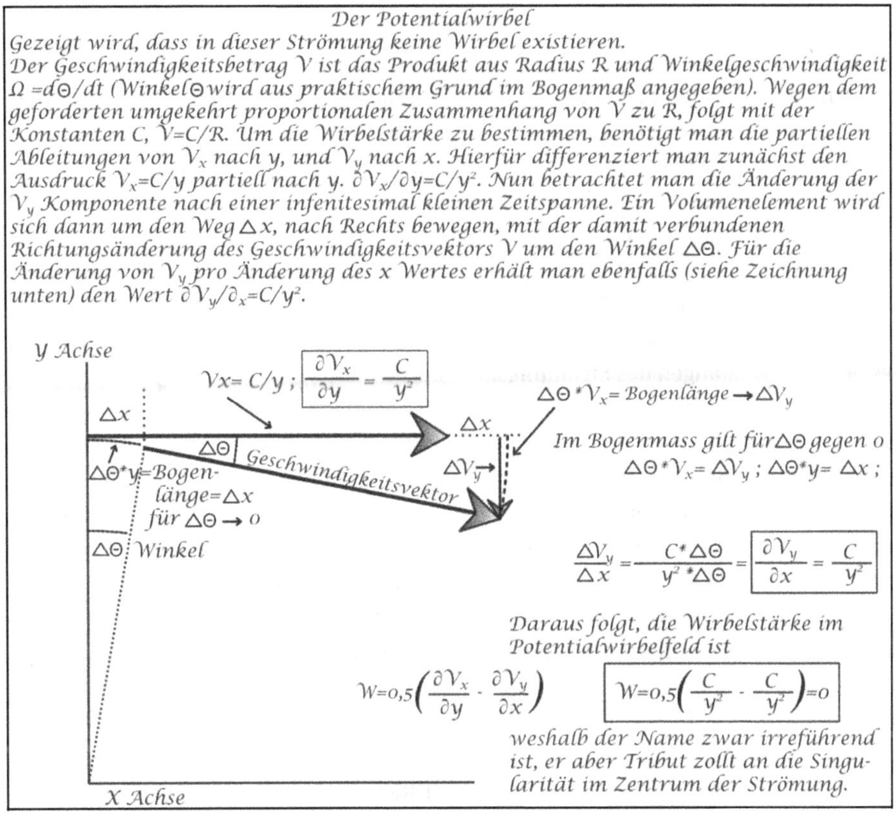

Der Potentialwirbel
Gezeigt wird, dass in dieser Strömung keine Wirbel existieren.
Der Geschwindigkeitsbetrag V ist das Produkt aus Radius R und Winkelgeschwindigkeit
$\Omega = d\Theta/dt$ (Winkel Θ wird aus praktischem Grund im Bogenmaß angegeben). Wegen dem
geforderten umgekehrt proportionalen Zusammenhang von V zu R, folgt mit der
Konstanten C, $V=C/R$. Um die Wirbelstärke zu bestimmen, benötigt man die partiellen
Ableitungen von V_x nach y, und V_y nach x. Hierfür differenziert man zunächst den
Ausdruck $V_x=C/y$ partiell nach y. $\partial V_x/\partial y=C/y^2$. Nun betrachtet man die Änderung der
V_y Komponente nach einer infenitesimal kleinen Zeitspanne. Ein Volumenelement wird
sich dann um den Weg Δx, nach Rechts bewegen, mit der damit verbundenen
Richtungsänderung des Geschwindigkeitsvektors V um den Winkel $\Delta\Theta$. Für die
Änderung von V_y pro Änderung des x Wertes erhält man ebenfalls (siehe Zeichnung
unten) den Wert $\partial V_y/\partial x=C/y^2$.

y Achse

$V_x= C/y$; $\boxed{\dfrac{\partial V_x}{\partial y} = \dfrac{C}{y^2}}$

$\Delta\Theta * V_x =$ Bogenlänge $\to \Delta V_y$

Δx

$\Delta\Theta$ · Geschwindigkeitsvektor

$\Delta\Theta * y =$ Bogenlänge $=\Delta x$ für $\Delta\Theta \to 0$

$\Delta\Theta$ Winkel

Im Bogenmass gilt für $\Delta\Theta$ gegen 0

$\Delta\Theta * V_x = \Delta V_y$; $\Delta\Theta * y = \Delta x$;

$$\dfrac{\Delta V_y}{\Delta x} = \dfrac{C * \Delta\Theta}{y^2 * \Delta\Theta} = \boxed{\dfrac{\partial V_y}{\partial x} = \dfrac{C}{y^2}}$$

Daraus folgt, die Wirbelstärke im Potentialwirbelfeld ist

$$W=0,5\left(\dfrac{\partial V_x}{\partial y} - \dfrac{\partial V_y}{\partial x}\right) \qquad \boxed{W=0,5\left(\dfrac{C}{y^2} - \dfrac{C}{y^2}\right)=0}$$

weshalb der Name zwar irreführend ist, er aber Tribut zollt an die Singularität im Zentrum der Strömung.

X Achse

Abb. 1.18: Beweis der Wirbelfreiheit des Potentialwirbels.

Instationäre Auftriebsströmung

Spektakuläre Beispiele für das Auftreten von instationären Auftriebströmungen findet
man bei den faszinierenden Flugvorführungen von Kunstflugpiloten unabhängig davon, ob es sich bei deren Fluggerät dabei um die Düsenjäger der Red Arrows, um Pro-
pellermaschinen oder Segelflugzeuge handelt.

Aus flugphysikalischer Sicht ist ein wesentliches Element bei der Betrachtung von
Kunstflugmanövern die Tatsache, dass die Flugzustände nicht stationär sind, sondern
sich zeitlich ständig mehr oder weniger schnell ändern.

Bei schnellen geflogenen Rollen (das Flugzeug dreht sich um die Längsachse) erfordert dies nicht nur eine Änderung der Stärke des Auftriebs, sondern auch eine Änderung
seiner Richtung bezüglich des Koordinatensystems des Flugzeuges. Mit der Änderung
des Auftriebes ist immer eine Änderung der Zirkulation verbunden, welche aufgrund
der geforderten Erhaltung des Drehimpulses bei solchen Flugmanövern eine ständige
Ablösung von Anfahrwirbeln induziert, verbunden mit einem dadurch bedingten En-

ergieverlust, insbesondere dann, wenn sich wieder neuer Auftrieb an dem Tragflügel bildet.

Auch muss ein Pilot bei Manövern die eine starke Änderung der Auftriebskraft erfordern, eine gewisse Verzögerung der sich aufbauenden oder abbauenden Auftriebskräfte beachten, da die Entstehung und der Abbau der für diese Kräfte erforderlichen Zirkulation eine gewisse Zeit in Anspruch nimmt.

Ergänzend zur Thematik der instationären Auftriebsströmung bei derartigen Flugmanövern wird angemerkt, dass die Kunstflugpiloten auf spielerische Art, die schon erwähnte noch in älteren Schulphysikbüchern zu findende Deutung des Auftriebsprinzips als Folge einer Profil bedingten Differenz von ober und unterhalb eines Tragflügels festgelegten Weglängen des Strömungsmediums widerlegen.

Sie zeigen dies nicht nur in Manövern bei denen sie sich in Rückenfluglage befinden, sondern noch spektakulärer in den Passagen bei denen sie sich im sogenannten Messerflug befinden. Hierbei hat sich das Flugzeug um 180° aus der Normalfluglage um die Längsachse gedreht, sodass die Flügel senkrecht zum Horizont ausgerichtet sind, weshalb diese keinen Beitrag zum Auftrieb mehr leisten. Als Auftriebskörper dient bei dieser Kunstflugfigur nur noch der schräg zur Flugrichtung angestellte Rumpf!

Noch eine Kraft soll kurz erwähnt werden, die bei der Beschleunigung eines Strömungskörpers immer hervorgerufen wird, auch wenn sich keine Zirkulation aufbaut!

Ihre Ursache liegt in der bei der Beschleunigung des Strömungskörpers aufzubringenden Energie, die in dem entstehenden Strömungsfeld in Form von kinetischer Energie der Fluidelemente enthalten ist.

Diese Kraft kann nur in entgegengesetzter Richtung zur Beschleunigungskraft wirken.

Dies ist plausibel, da auch in einer instationären Potentialströmung ohne Vorhandensein von Zirkulation, keine Auftriebskräfte und damit keine Kraftkomponenten senkrecht zur Strömungsgeschwindigkeit existieren können.

Die Beschleunigung des Strömungskörpers erfolgt nach diesen Überlegungen bei einer vorgegebenen auf ihn wirkenden Kraft also langsamer, als dies der Fall wäre ohne das ihn umgebende Strömungsmedium!

Aus diesem Grund bezeichnet man den von dieser Gegenkraft hervorgerufenen Effekt der Verminderung der Beschleunigung des Strömungskörpers als virtuelle Masse.

Der Strömungskörper beschleunigt bei einer auf ihn einwirkenden Kraft demnach genau um den Anteil langsamer, der dem Anteil der virtuellen Masse entspricht.

Der Effekt der virtuellen Masse spielt gewöhnlich bei Flugzeugen eine geringe Rolle, wohingegen er bei Schiffen oftmals berücksichtigt werden muss.

Zum Schluss dieses Kapitels wird noch das schönste Beispiel für das Auftriebsprinzip in einer instationären Strömung erörtert. Es ist der Vogelflug, oder allgemeiner ausgedrückt, der Flügelschlagflug.

Flügelschlagflug

Der Abschnitt Flügelschlagflug ist einfach aus dem Spaß heraus entstanden, diese ursprünglichste Anwendung des dynamischen Auftriebprinzips gedanklich nachzuvollziehen.

Er beinhaltet keine neuen den Auftriebsmechanismus betreffende Ausführungen, weshalb er bei nicht vorhandenem Interesse getrost übersprungen werden kann.

Eine Recherche zu dem Thema Flügelschlagflug hinsichtlich einer anschaulichen Darstellung, lieferte nur ganz beschauliche, umständliche Erklärungsversuche [4, 5].

Selbst die in diesem Zusammenhang immer wieder hervorgebrachten von Leonardo da Vinci.[7] gemachten Beobachtungen [6], die zur damaligen Zeit zweifellos neue Ansätze lieferten, sind nach heutiger Kenntnis nicht besonders geeignet, das dem Flügelschlagflug innewohnende Geheimnis zu erhellen. Um ein einfaches Verständnis, dieser schon vor 280 Millionen Jahren in der belebten Natur, bei den zu dieser Zeit lebenden Flugsauriern nachweisbaren Flugtechnik zu vermitteln, wird ein hier eigenes einfaches Modell des Schlagfluges erörtert.

Es ist zweifellos sehr komplex alle möglichen Nuancen des Flügelschlagfluges der verschiedenen Flugsaurierarten, Vogelarten, flugfähigen Säugetierarten und der Insekten verständlich und einfach darzustellen. Sehr wohl ist es aber möglich, ein einfaches leicht verständliches dynamisches Modell des Schlagfluges zu entwerfen, welches danach beliebig in die eine oder andere Richtung abgeändert werden kann. Die im Anschluss folgenden Ausführungen sind nur mit Abstrichen geeignet, die Flugtechnik von Insekten oder sehr kleinen Vögeln, wie z. B. Kolibris zu beschreiben, da bei diesen der Einfluss von Viskosität nicht mehr vernachlässigbar ist.

Ziel des Schlagfluges ist es, dem fliegenden Objekt Energie zuzuführen, vergleichbar dem Propellerantrieb oder Düsenantrieb eines Flugzeuges. Ob Vogel, ob Flugsaurier oder Flugzeug, die Motivation Energie zuzuführen, ist bei allen die Gleiche. Zum einen müssen die aufgrund von ungewollten Strömungseffekten hervorgerufenen Energieverluste durch Luftreibung, durch Turbulenz und durch den Einfluss des induzierten Widerstandes (der Thema des nächsten Kapitels ist) kompensiert werden, zum anderen ermöglicht das Zuführen von Energie, dass das Flugobjekt in der Lage ist, seine Flughöhe und seine Geschwindigkeit zu ändern.

Nun aber zur ersten Erklärung des Grundprinzips vom Flügelschlagflug, bei der extreme Vereinfachungen gemacht werden.

Das verwendete Model vom Flügelschlagmechanismus besteht zum einen aus einer mit Rumpfmasse bezeichneten, in einem Punkt konzentrierten Masse, die z. B. die Masse eines Vogelkörpers repräsentiert und zum anderen aus einem Tragflügel, der sich auf ei-

---

7 Leonardo da Vinci war ein italienischer Maler, Bildhauer, Architekt, Anatom, Mechaniker, Ingenieur und Naturphilosoph. Er gilt als einer der berühmtesten Universalgelehrten aller Zeiten.

ner Führungsschiene relativ zur Rumpfmasse ein Stück nach oben oder unten bewegen kann.

In diesem ersten Modell wird die Masse der Flügel als gegenüber der Masse des Rumpfes als vernachlässigbar klein angesehen.

Es wird in diesem Modell ganz bewusst nicht, wie dies in der Natur der Fall ist, ein Schwingmechanismus zweier Flügel gewählt!

An dem Grundprinzip der Dynamik ändert sich dadurch einerseits nichts, andererseits wird eine Beschreibung dadurch unkomplizierter, da die entlang dieser Flügel ansonsten zu berücksichtigende Verschränkung entfällt. Des Weiteren wird in diesem ersten Modell eine verlustfreie Auftriebsströmung um den Flügel angenommen, was die Betrachtung der Energiebilanz des Flügelschlagmechanismus vereinfacht. Verschiedene Positionen der Rumpfmasse zu dem Tragflügel repräsentieren hierbei verschiedene Phasen von einem Flügelschlagzyklus.

In der ersten Phase befindet sich die Rumpfmasse an der tiefsten Position relativ zum Tragflügel.

In der zweiten Phase wird dem System potentielle Lageenergie zugeführt, in dem die Rumpfmasse relativ zu dem Flügel angehoben wird. Der Flügel behält seine Höhe im Raum bei, da eine Auftriebsströmung um selbigen eine Lageänderung bezüglich seiner Flughöhe verhindert.

In der dritten Phase hat die Rumpfmasse die höchstmögliche Position bezüglich des Tragflügels erreicht, wobei der Tragflügel immer noch auf der gleichen Höhe im Raum verweilt. Die potentielle Energie hat in der dritten Phase also erneut zugenommen, aber es stellt sich die Frage, wie geht es jetzt weiter, ohne dass die gewonnene potentielle Energie wieder verloren geht? Irgendwie muss der Tragflügel seine Position relativ zur Rumpfmasse wieder nach unten verändern, damit ein neuer Schlagrhythmus beginnen kann, ohne die Höhenlage der Rumpfmasse wieder zu verringern.

Genau zu diesem Punkt der Beschreibung des Schlagfluges findet man in der Literatur häufig sehr unbefriedigende ausflüchtige Erklärungsversuche!

Aufgrund eigener Beobachtungen von fliegenden Vögeln, besteht der von der Natur erfundene Trick dieses Problem zu lösen einfach darin, der Rumpfmasse nicht nur potentielle Energie, sondern auch einen Anteil an kinetischer Energie zuzuführen. Befindet sich die Rumpfmasse an der höchsten Stelle relativ zum Tragflügel, *besitzt sie in dem Fall noch eine vertikal nach oben gerichtete Geschwindigkeit*. Der Betrag dieser Geschwindigkeit ist genügend groß, um ein *Zeitfenster* für die Bewegung des Tragflügels nach oben zu ermöglichen, in der keine Abwärtsbewegung der Rumpfmasse stattfindet, da sie genau diese Zeit braucht, um von der Anziehungskraft der Erde abgebremst zu werden. Die Vertikalgeschwindigkeit der Rumpfmasse geht schließlich in dem Moment gegen null, in dem die Flügel die höchste Position erlangt haben.

In dieser vierten und letzten Phase des Schlagzyklus wirkt keine Kraft seitens des Tragflügels auf die Rumpfmasse!

Der Tragflügel selbst ist drehbar gelagert wobei sein Auftrieb in dem Zeitfenster, in dem die Rumpfmasse von der Erdanziehung abgebremst wird gegen null geht.

Bei der Bewegung des Flügels in die höchstmögliche Position relativ zur Rumpfmasse, zieht bildlich gesprochen der vordere Teil des Tragflügels den hinteren Teil im Luftstrom hinter sich her, ähnlich wie dies ein Fahnenschwenker praktiziert. In der Sprache des Aerodynamikers heißt das, dass der Anstellwinkel des Flügels so gewählt wird, dass dieser gegen null geht.

Es wirken in dieser Phase keine Kräfte seitens des Strömungsmediums Luft auf den Tragflügel ein!

Anders ausgedrückt verhält sich der Flügel dann so, als wäre die Luft gar nicht vorhanden, weshalb er ohne jeglichen Krafteinfluss auf den Rumpf nach oben bewegt werden kann.

Am Ende des vierten Zyklus, besitzt das Flügelschlagobjekt also aufgrund der zugeführten potentiellen Energie, eine höhere Energie als am Anfang, wobei die Position des Tragflügels relativ zum Rumpf die gleiche ist wie am Anfang der ersten Phase!

Um die Dynamik des Vogelkörpers an einem sehr bekannten Beispiel zu veranschaulichen, kann man sie mit der Dynamik eines menschlichen Körpers vergleichen, der eine Treppe hoch hüpfend potentielle Energie gewinnt.

Immer in den Phasen, in denen beide Beine zur gleichen Zeit nach oben bewegt werden, nutzt der Mensch das Zeitfenster, dass die Schwerkraft braucht, um die vertikal nach oben gerichtete Geschwindigkeit seines Körpers abzubremsen.

Aufbauend auf diesem einfachen Modell, das plakativ an einem sehr einfachen Beispiel zeigt, wie durch Flügelschlag dem Flugobjekt Energie zugeführt wird, fällt es leicht Variationen vorzunehmen, die das Modell hinsichtlich verschiedener Flugstile anpassen.

Wird z. B. ein Flugstiel angestrebt, in welchem eine vorzugsweise Beschleunigung in horizontaler Richtung stattfindet, so muss sich der Tragflügel schon in der Phase des relativ zur Rumpfmasse stattfindenden Abschlages verdrehen.

Eine andere Version ist der Rüttelflug (praktiziert der Rüttelfalke), bei dem mangels vorhandener Grundgeschwindigkeit des Flugobjektes, der Tragflügel auch horizontal relativ zur Rumpfmasse beweglich sein muss, um eine Anströmung, die Grundvoraussetzung eines Auftriebes ist, zu gewährleisten. Ähnliche Flügelschlagmuster findet man auch bei Insekten und Kolibris, die mit dieser Technik zusätzlich den Effizienz mindernden viskosen Einfluss von Luft vermindern.

Gerade was die Effizienz des Schlagfluges anbelangt, scheint es ein interessanter Ansatz zu sein, eine möglichst konstante Zirkulation zu erreichen, um den ansonsten vorhandenen Energieverlust durch permanent sich ablösende Anfahrwirbel zu verhindern!

Um diesem Punkt Rechnung zu tragen, ist das sehr einfache Flügelschlagmodell in die Richtung modifiziert worden, möglichst konstante Auftriebswerte des Tragflügels zu realisieren. Zunächst wird in Bild 1.19 gezeigt, wie sich ein Flugobjekt in der Realität verhält, wenn ihm keinerlei Energie zugeführt wird, sodass abhängig von der Effizienz dieses in einem mehr oder weniger stark geneigten Gleitflug, aufgrund des permanenten Energieverlustes, hervorgerufen durch den Einfluss von viskoser Reibung, durch

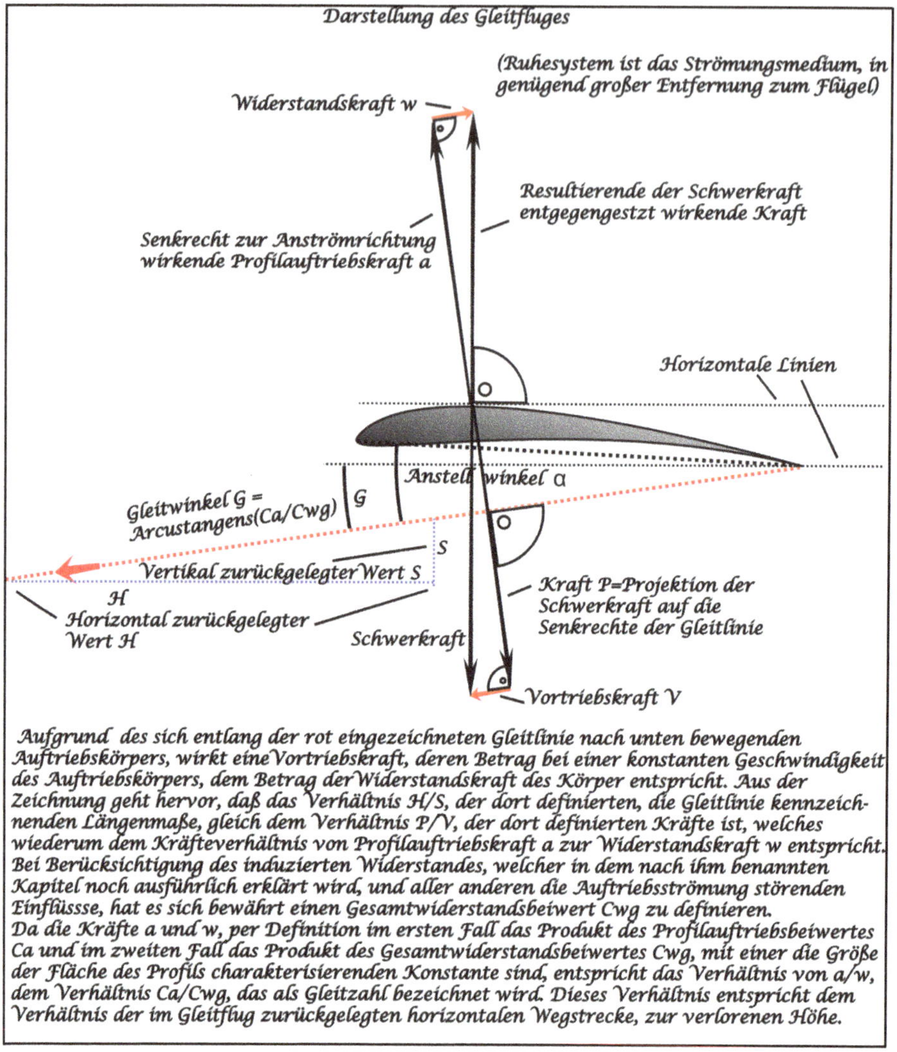

Darstellung des Gleitfluges

(Ruhesystem ist das Strömungsmedium, in genügend großer Entfernung zum Flügel)

Widerstandskraft w

Resultierende der Schwerkraft entgegengestzt wirkende Kraft

Senkrecht zur Anströmrichtung wirkende Profilauftriebskraft a

Horizontale Linien

Gleitwinkel G = Arcustangens(Ca/Cwg)

Anstellwinkel α

G

S

Vertikal zurückgelegter Wert S

Kraft P=Projektion der Schwerkraft auf die Senkrechte der Gleitlinie

H
Horizontal zurückgelegter Wert H

Schwerkraft

Vortriebskraft V

Aufgrund des sich entlang der rot eingezeichneten Gleitlinie nach unten bewegenden Auftriebskörpers, wirkt eine Vortriebskraft, deren Betrag bei einer konstanten Geschwindigkeit des Auftriebskörpers, dem Betrag der Widerstandskraft des Körpers entspricht. Aus der Zeichnung geht hervor, daß das Verhältnis H/S, der dort definierten, die Gleitlinie kennzeichnenden Längenmaße, gleich dem Verhältnis P/V, der dort definierten Kräfte ist, welches wiederum dem Kräfteverhältnis von Profilauftriebskraft a zur Widerstandskraft w entspricht. Bei Berücksichtigung des induzierten Widerstandes, welcher in dem nach ihm benannten Kapitel noch ausführlich erklärt wird, und aller anderen die Auftriebsströmung störenden Einflüsse, hat es sich bewährt einen Gesamtwiderstandsbeiwert Cwg zu definieren.
Da die Kräfte a und w, per Definition im ersten Fall das Produkt des Profilauftriebsbeiwertes Ca und im zweiten Fall das Produkt des Gesamtwiderstandsbeiwertes Cwg, mit einer die Größe der Fläche des Profils charakterisierenden Konstante sind, entspricht das Verhältnis von a/w, dem Verhältnis Ca/Cwg, das als Gleitzahl bezeichnet wird. Dieses Verhältnis entspricht dem Verhältnis der im Gleitflug zurückgelegten horizontalen Wegstrecke, zur verlorenen Höhe.

Abb. 1.19: Der Gleitflug.

turbulente Einflüsse und induzierte Widerstandsverluste, permanent an Höhe und damit an potentieller Energie verliert.

Bild 1.20 zeigt das modifizierte Flügelschlagmodell welches berücksichtigt, dass auch in der Phase der Aufwärtsbewegung des Tragflügels, noch eine Auftriebsströmung zwecks Erhaltung von Zirkulation gewährleistet wird.

Auch wird in diesem Modell berücksichtigt, dass die Flügel eine gewisse Masse besitzen.

In Bild 1.21 (a–g) ist schließlich der bezüglich einer angestrebten gleichmäßigen Zirkulation optimierte, in 7 Phasen gegliederte Flügelschlagzyklus graphisch dargestellt.

Dieses Modell der Flugmechanik eines Vogels
oder eines flugfähigen Säugetiers, besteht aus
drei Komponenten.
1. Dem Flügel, der eine Masse besitzt.
2. Einer vertikal ausgerichteten Führungsschiene an deren Mittelpunkt die Flügel
drehbar befestigt ist.
3. Einer stilisierten Masse des Vogelrumpfes,
die auf der Führungsschiene beweglich
gelagert ist und in diesem Modell als
Rumpfmasse bezeichnet wird.

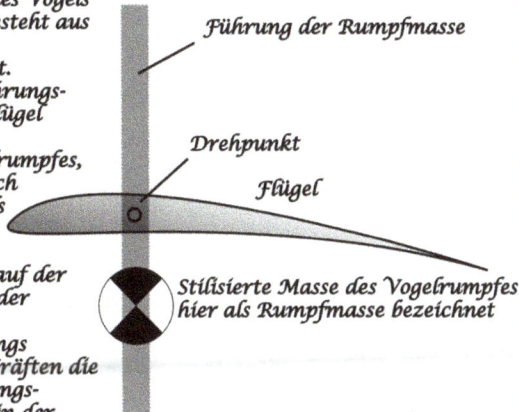

Die relative Lage der Rumpfmasse auf der
Führungsschine, wie auch deren in der
Führungsschinenrichtung liegende
Geschwindigkeits und Beschleunigungs
Komponente, wird einerseit von Kräften die
zwischen ihr und dem Flügel-Führungs-
schinensystem existieren beinflust (in der
Natur sind das die von der Flugmuskulatur hervorgebrachten Kräfte), als auch von auf
den Flügel einwirkenden Auftriebskräften, die eine Beschleunigung, des
Flügel-Führungsschinensystems verursachen.
Die vertikale Geschwindigkeitskomponente des Flügels ist abhängig von der horizontalen Geschwindigkeitskomponente, von dem Anstellwinkel und von dem Drehwinkel des
Flügels. Betrachtet werden soll ein geradeaus fliegendes Vogelflugmodell, weshalb eine
konstante Horizontalgeschwindigkeitskomponente angenommen wird.
Desweiteren wird angenommen, daß keine großen Auftriebsschwankungen auftreten,
mit den damit verbundenen Verlusten, hervorgerufen von in Strömungsrichtung
abfließenden Anfahrwirbeln. Diese Bedingung wird durch gezielte Dosierung, der auf
die Rumpfmasse einwirkenden Kräften erreicht.
Es ist anzunehmen, daß die hierfür erforderlichen Regelkreise in der Natur, im Laufe
der Evolution perfektioniert wurden.
Keine nennenswerten Auftriebsschwankungen bedeuten vernachlässigbare Anstell-
winkeländerungen, bei gleicher Strömungsgeschwindigkeit. Da die Anströmgeschwindigkeit sich allerdings bei einer Änderung der vertikalen Geschwindigkeitskomponenten des Flügels ebenfalls ändert, ist diese Bedingung nicht erfüllt. In der
grafischen Darstellung unten, werden solche Feinheiten nicht berücksichtigt.
Es genügt eine Vorstellung davon zu haben, daß die Ausrichtung des Flügels, der
Richtung der Strömung entspricht, zuzüglich des Anstellwinkels.
In dem Zusammenhang ist für das weitere Verständnis nur von Bedeutung, daß ein
konstanter Drehwinkel des Flügels, eine konstante vertikale Geschwindigkeitskomponente impliziert, wohingegen eine kontinuirliche zeitliche Änderung des Dreh-
winkels, auch eine zusätzliche vertikale Beschleunigung des selben verursacht.
In den unten zu sehenden beiden Grafiken wird an zwei Beispielen gezeigt, wie die
vertikale Geschwindigkeitskomponente bei einer konstanten horizontalen Geschwindigkeitskomponente, von dem jeweiligen Drehwinkel des Flügels abhängt.

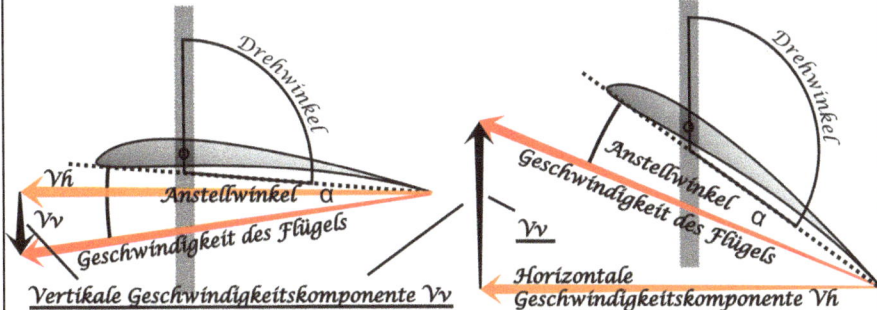

Führung der Rumpfmasse

Drehpunkt

Flügel

Stilisierte Masse des Vogelrumpfes
hier als Rumpfmasse bezeichnet

Abb. 1.20: Flügelschlagflug.

Flügelschlagzyklus

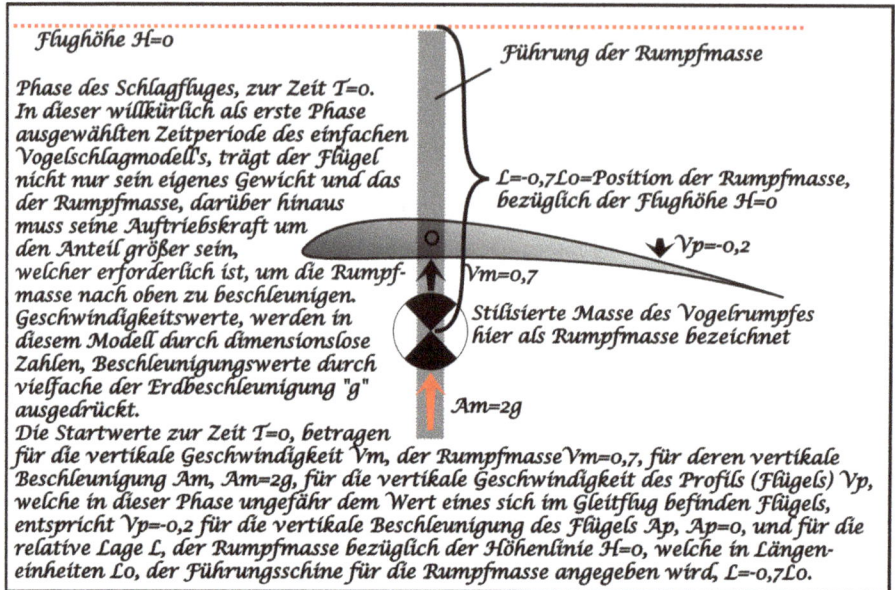

Flughöhe H=0

Phase des Schlagfluges, zur Zeit T=0.
In dieser willkürlich als erste Phase
ausgewählten Zeitperiode des einfachen
Vogelschlagmodell's, trägt der Flügel
nicht nur sein eigenes Gewicht und das
der Rumpfmasse, darüber hinaus
muss seine Auftriebskraft um
den Anteil größer sein,
welcher erforderlich ist, um die Rumpf-
masse nach oben zu beschleunigen.
Geschwindigkeitswerte, werden in
diesem Modell durch dimensionslose
Zahlen, Beschleunigungswerte durch
vielfache der Erdbeschleunigung "g"
ausgedrückt.
Die Startwerte zur Zeit T=0, betragen
für die vertikale Geschwindigkeit Vm, der Rumpfmasse Vm=0,7, für deren vertikale
Beschleunigung Am, Am=2g, für die vertikale Geschwindigkeit des Profils (Flügels) Vp,
welche in dieser Phase ungefähr dem Wert eines sich im Gleitflug befinden Flügels,
entspricht Vp=-0,2 für die vertikale Beschleunigung des Flügels Ap, Ap=0, und für die
relative Lage L, der Rumpfmasse bezüglich der Höhenlinie H=0, welche in Längen-
einheiten Lo, der Führungsschine für die Rumpfmasse angegeben wird, L=-0,7Lo.

Führung der Rumpfmasse

L=-0,7Lo=Position der Rumpfmasse,
bezüglich der Flughöhe H=0

Vp=-0,2

Vm=0,7

Stilisierte Masse des Vogelrumpfes
hier als Rumpfmasse bezeichnet

Am=2g

(a)

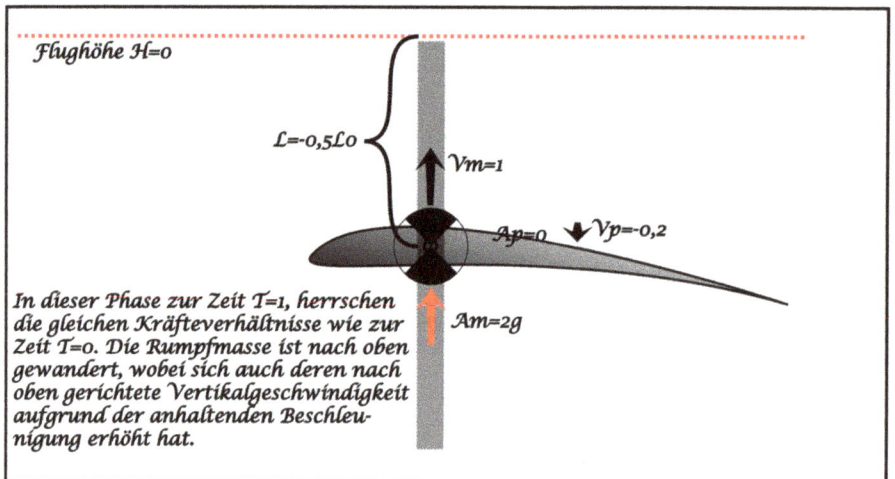

Flughöhe H=0

L=-0,5Lo

Vm=1

Ap=0   *Vp=-0,2*

Am=2g

In dieser Phase zur Zeit T=1, herrschen
die gleichen Kräfteverhältnisse wie zur
Zeit T=0. Die Rumpfmasse ist nach oben
gewandert, wobei sich auch deren nach
oben gerichtete Vertikalgeschwindigkeit
aufgrund der anhaltenden Beschleu-
nigung erhöht hat.

(b)

Abb. 1.21: Flügelschlagzyklen.

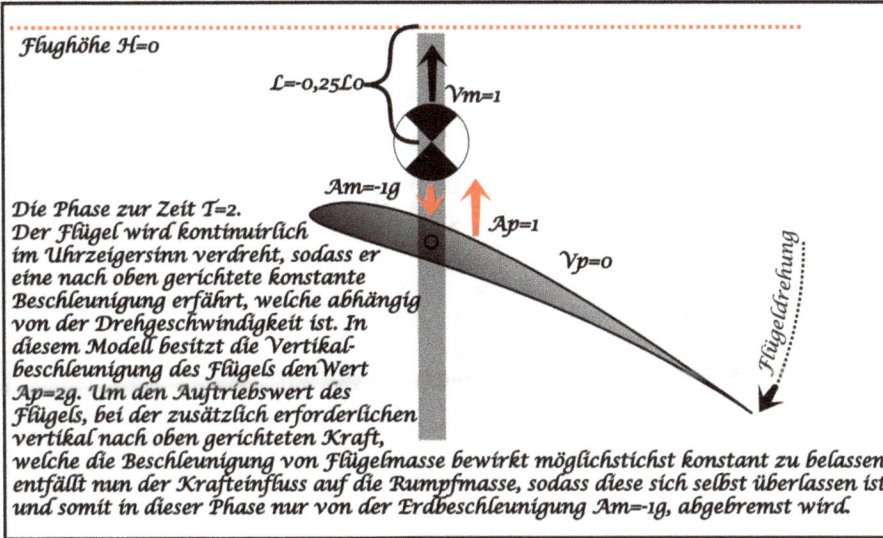

Flughöhe H=0

$L=-0,25L_0$

$V_m=1$

$A_m=-1g$

$A_p=1$

$V_p=0$

Flügeldrehung

Die Phase zur Zeit T=2.
Der Flügel wird kontinuirlich
im Uhrzeigersinn verdreht, sodass er
eine nach oben gerichtete konstante
Beschleunigung erfährt, welche abhängig
von der Drehgeschwindigkeit ist. In
diesem Modell besitzt die Vertikal-
beschleunigung des Flügels den Wert
$A_p=2g$. Um den Auftriebswert des
Flügels, bei der zusätzlich erforderlichen
vertikal nach oben gerichteten Kraft,
welche die Beschleunigung von Flügelmasse bewirkt möglichstichst konstant zu belassen,
entfällt nun der Krafteinfluss auf die Rumpfmasse, sodass diese sich selbst überlassen ist
und somit in dieser Phase nur von der Erdbeschleunigung $A_m=-1g$, abgebremst wird.

(c)

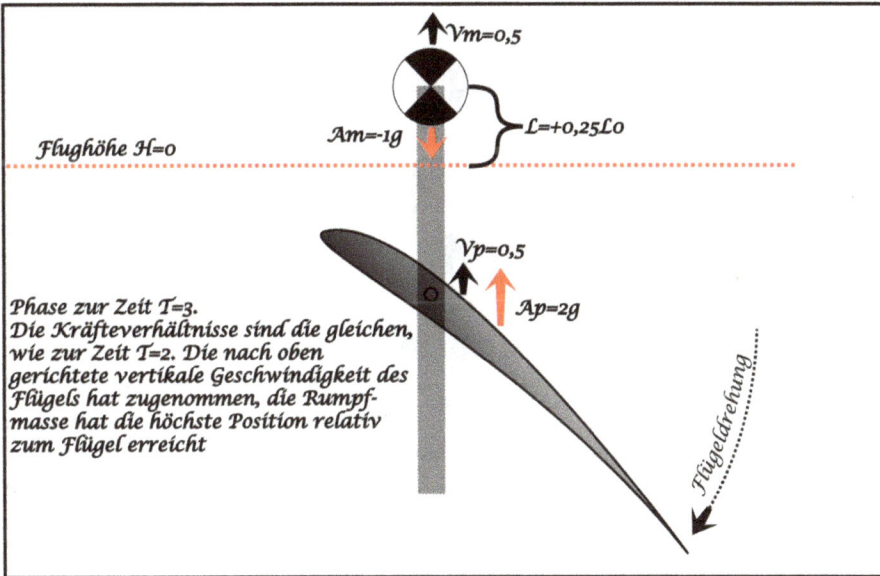

$V_m=0,5$

$A_m=-1g$

$L=+0,25L_0$

Flughöhe H=0

$V_p=0,5$

$A_p=2g$

Flügeldrehung

Phase zur Zeit T=3.
Die Kräfteverhältnisse sind die gleichen,
wie zur Zeit T=2. Die nach oben
gerichtete vertikale Geschwindigkeit des
Flügels hat zugenommen, die Rumpfmasse hat die höchste Position relativ
zum Flügel erreicht

(d)

Abb. 1.21: (fortgesetzt)

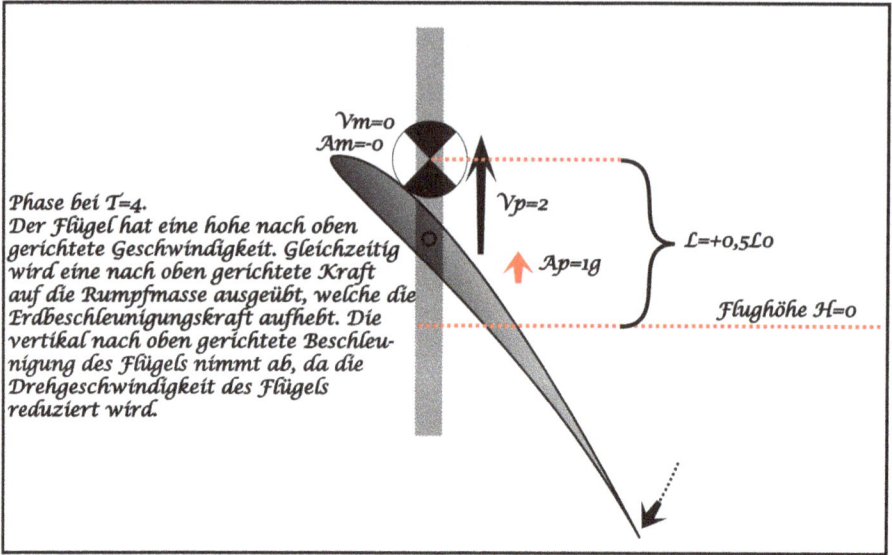

Phase bei T=4.
Der Flügel hat eine hohe nach oben
gerichtete Geschwindigkeit. Gleichzeitig
wird eine nach oben gerichtete Kraft
auf die Rumpfmasse ausgeübt, welche die
Erdbeschleunigungskraft aufhebt. Die
vertikal nach oben gerichtete Beschleunigung des Flügels nimmt ab, da die
Drehgeschwindigkeit des Flügels
reduziert wird.

Vm=0
Am=-0
Vp=2
Ap=1g
L=+0,5L0
Flughöhe H=0

(e)

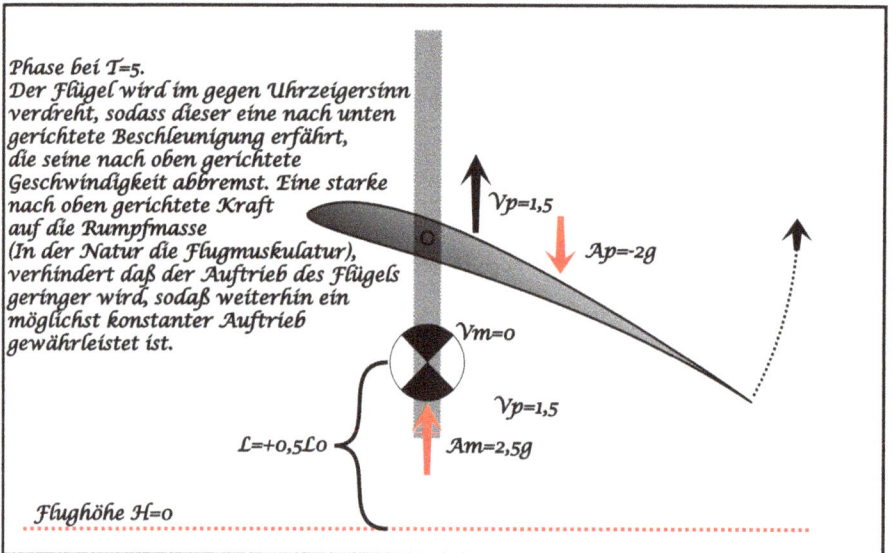

Phase bei T=5.
Der Flügel wird im gegen Uhrzeigersinn
verdreht, sodass dieser eine nach unten
gerichtete Beschleunigung erfährt,
die seine nach oben gerichtete
Geschwindigkeit abbremst. Eine starke
nach oben gerichtete Kraft
auf die Rumpfmasse
(In der Natur die Flugmuskulatur),
verhindert daß der Auftrieb des Flügels
geringer wird, sodaß weiterhin ein
möglichst konstanter Auftrieb
gewährleistet ist.

Vp=1,5
Ap=-2g
Vm=0
Vp=1,5
L=+0,5L0
Am=2,5g
Flughöhe H=0

(f)

Abb. 1.21: (fortgesetzt)

Phase bei $T=6$.
Sowohl die vertikale Abbrems-
beschleunigung des Flügels, als auch
seine vertikale nach oben gerichtete
Geschwindigkeit,verringern sich.
Die Rumpfmasse besitzt in dieser Phase
die tiefste Lage relativ zum Flügel.
Die nach oben gerichtete
Geschwindigkeit von Flügel
und Rumpfmasse sind gleich, weshalb
sich die Lage der Rumpfmasse relativ
zum Flügel nicht ändert.

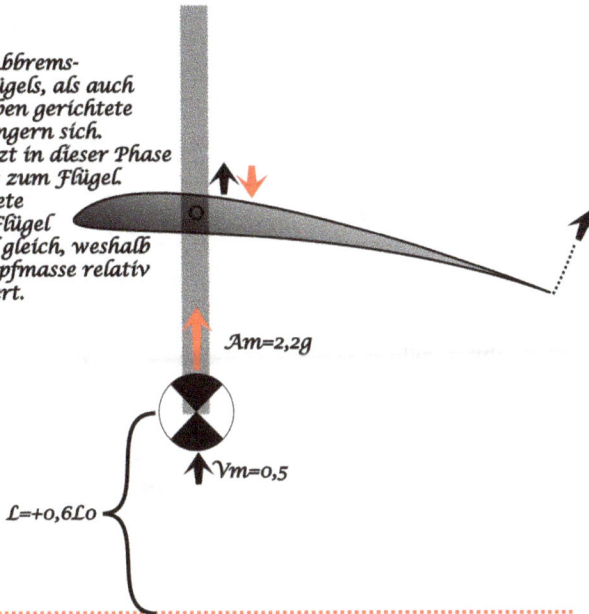

$Am=2,2g$

$Vm=0,5$

$L=+0,6Lo$

Flughöhe $H=0$

Phase bei $Te=7$.
Zu diesem Zeitpunkt entspricht der dynamische Zustand genau dem der Phase bei $T=0$.
Die Potentielle Energie hat in diesem Zeitintervall zugenommen, da die Rumpfmasse
ihre relatieve Lage von $L=-0,7Lo$ bei $T=0$, zu $L=+0,6Lo$ bei $T=7$ geändert hat. Insgeamt ist
die Rumpfmasse also um den Betrag von $13Lo$ angehoben worden. Da Rumpfmasse und
Flügel bei den Zeiten $T=0$ und $T=7$ die gleiche relative Lage zu einander besitzen, ist
auch die Lage des Flügels nach diesem Zeitintervall um $13Lo$ erhöht worden.
Dieses Modell simuliert einen Vogelflug, bei dem der Vogel während seines Fluges an
Höhe gewinnt. Es ändert an den grundsätzlichen Gestzmäßigkeiten nichts, wenn die
Schlagdynamik abgeschwächt erfolgt, so daß z.B der theoretische bei bei einem reinen
Gleitflug pro Zeit erfolgende Höhenverlust, durch die Schlagdynamik kompensiert wird.
Der Vogel fliegt in so einem Fall geradeaus, ohne Höhe zu gewinnen oder zu verlieren.

(g)

Abb. 1.21: (fortgesetzt)

2 Induzierter Widerstand

Der Begriff des induzierten Widerstandes ist unmittelbar mit dem des dynamischen Auftriebes verknüpft. Diese meist unerwünschte Widerstandskraft tritt nur bei dem Vorhandensein einer Auftriebskraft in Erscheinung, da sie wie ihre Bezeichnung es schon verrät, von dieser Auftriebskraft induziert wird.

Ein ganz wesentlicher Aspekt bei den dynamischen Auftrieb erzeugenden Strömungskörpern, ist die Frage nach ihrer Effizienz. Sie entscheidet maßgeblich darüber, ob Leitwerksschaufeln in Triebwerken diesen zu einem guten Wirkungsgrad verhelfen, ob Segelflugzeuge Menschen tragen oder Modelle ihren Piloten bei Wettbewerben zum Sieg verhelfen, ob Verkehrsflugzeuge sparsam fliegen oder ob Windkraftanlagen effizient ihre Aufgabe meistern, dem vorbeiströmenden Luftmeer möglichst viel nutzbare Energie zu entziehen.

Eine wichtige, die Effizienz eines Auftriebskörpers beschreibende Größe ist die Gleitzahl. Diese Zahl gibt das Verhältnis der Auftriebskraft zur Widerstandskraft an (wie schon im ersten Kapitel behandelt), Bild 1.15 entspricht anschaulich dem Verhältnis von zurückgelegter Strecke zu verlorener Höhe eines antriebslosen Auftriebskörpers. Die an einem Auftriebskörper angreifende Widerstandskraft kann man in zwei Anteile zerlegen, die ihren unterschiedlichen Ursachen entsprechenden; den Anteil, der durch viskose Reibungskräfte und turbulente Phänomene hervorgerufen wird und dem Anteil, bei dem es sich um den induzierten Widerstand handelt.

Stellvertretend für dynamische Auftriebskörper, werden nachfolgend vorzugsweise Tragflügel von Flugzeugen beschrieben.

Der induzierte Widerstand wird bei einem Flügel endlichen Ausmaßes dadurch hervorgerufen, dass sich am Ende der Tragflügel der unterhalb des Flügels herrschende Überdruck und der oberhalb des Flügels herrschende Unterdruck ausgleichen können, indem die Luft den Flügel teilweise umströmt. Der mit dieser Umströmung zeitlich einhergehende Energieverlust bestimmt zusammen mit der Anströmgeschwindigkeit die induzierte Widerstandskraft.

In Bild 2.1 sind beispielsweise für eine solche Umströmung die Geschwindigkeitsvektoren senkrecht zur Anströmrichtung im Bereich eines Tragflügels skizziert.

Aus Anschauungsgründen ist in dieser Zeichnung der Bereich in unmittelbarer Nähe zur Flügeloberfläche nicht berücksichtigt, da es hierzu noch einiger Erläuterungen bedarf, die im Kapitel Traglinien-Theorie von Ludwig Prandtl ergänzt werden (vergleich hierzu Bild 2.9b).

Auf die von vorne an den Flügel heranströmenden Luftelemente wirken nur für eine kurze Zeitspanne Beschleunigungskräfte senkrecht zur Anströmrichtung. Es ist die Zeitspanne, die die Luftelemente brauchen um die im Flügelbereich existierende Zone des Druckunterschiedes zwischen Flügeloberseite und Flügelunterseite, zu durchlaufen. Somit liegt diese Zeitspanne in einer Größe, die dem Verhältnis von Flächentiefe zur Fluggeschwindigkeit entspricht.

https://doi.org/10.1515/9783111336282-002

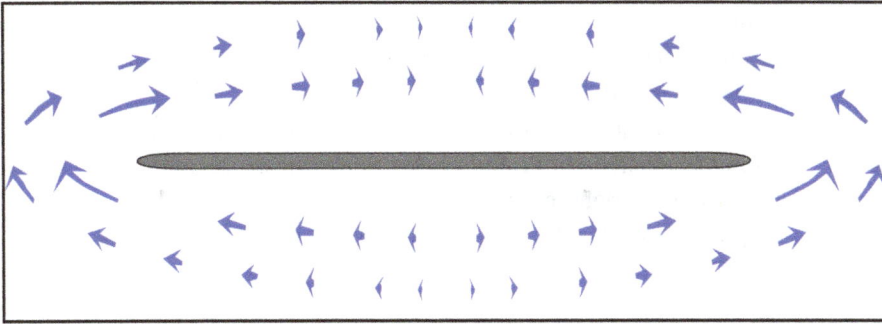

Abb. 2.1: Induzierter Widerstand bei der Flügelendenumströmung.

Da aus oben genannten Gründen erst in unmittelbarer Nähe hinter dem Tragflügel die Induzierung der Tragflächenumströmung abgeschlossen ist, sollte das induzierte Strömungsbild vorrangig in diesem Bereich betrachtet werden.

Aus der pro Zeit aufzuwendenden Energie (Leistung) die erforderlich ist, um dieses Strömungsfeld ständig zu vergrößern, indem es sich in Strömungsrichtung mit der Anströmgeschwindigkeit ausdehnt, lässt sich schließlich der induzierte Widerstand bestimmen.

Das Produkt aus induzierter Widerstandskraft und Anströmgeschwindigkeit entspricht der genannten Leistung, weshalb sich die Widerstandskraft als Quotient aus dieser Leistung und der Anströmgeschwindigkeit darstellen lässt.

In den folgenden Ausführungen wird der Begriff der Streckung Λ eine nützliche Größe sein. Sie stellt das Verhältnis von Spannweite zu Flügelfläche dar.

Mit den bisher angestellten Überlegungen ist es jetzt schon möglich abzuschätzen, von welchen Größen der induzierte Widerstand beeinflusst wird und in welchem Verhältnis er bei der Änderung dieser Größen anwächst oder sich abschwächt.

Hierzu werden drei verschiedene Fälle betrachtet.

1. Vergleicht man zwei verschiedene Fluggeschwindigkeiten, die sich um den Faktor 2 unterscheiden, so wirkt der Einfluss des Differenzdruckes bei dem halb so schnell angeströmten Flügel doppelt so lange, was zu einer *doppelt so hohen Umströmungsgeschwindigkeit am Flügelende führt.*

2. Halbiert man die Spannweite des schnell angeströmten Flügels bei gleichzeitiger Verdoppelung der Flächentiefe (Halbierung der Streckung Λ) und Beibehaltung der Auftriebskraft, erhält man wieder *eine Verdoppelung der Umströmungsgeschwindigkeit.*

3. *Das gleiche gilt bei einer Verdoppelung des Auftriebes* und Beibehaltung der höheren Fluggeschwindigkeit und der ursprünglichen Streckung, da dann die Druckdifferenzen, die ja die Ursache für die Beschleunigung der Luftelemente sind, sich auch verdoppeln.

Um die Umströmungsgeschwindigkeit zu erhöhen, hat sich die erforderliche Leistung in allen drei Fällen aufgrund des quadratischen Zusammenhangs von Geschwindigkeit und kinetischer Energie vervierfacht.

Eine mathematisch präzisere Formulierung dieser Gesetzmäßigkeiten befindet sich am Ende des Kapitels „Analytische Ermittelung der Abhängigkeit des induzierten Widerstandsbeiwertes, vom Auftriebsbeiwert" (2.12).

Bild 2.2 zeigt den Zusammenhang von Auftriebskraft und Widerstandskraft, einmal bei unendlicher Streckung und einmal bei endlicher Streckung.

Der Flugpionier Otto Lilienthal erkannte die Bedeutung dieser beiden Kräfte im Konsens zu betrachten und verwendete als Erster diese nach ihm als Lilienthalpolare bezeichnete Darstellungsart.

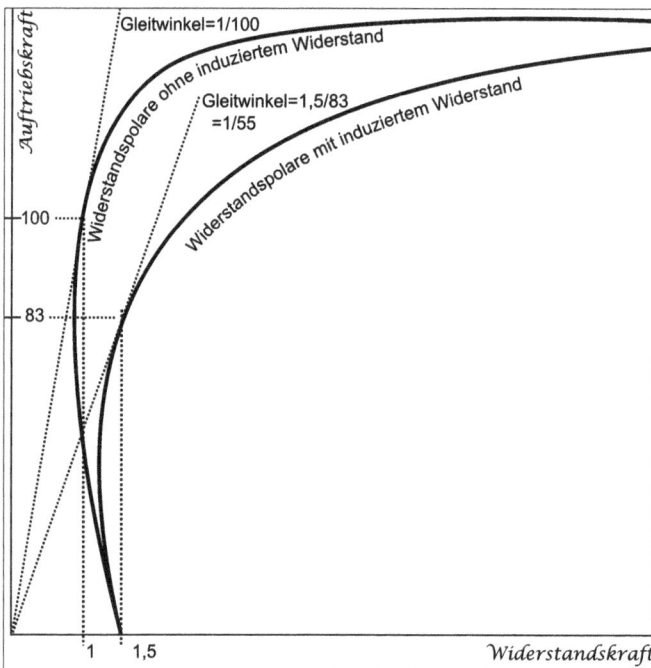

Abb. 2.2: Lilienthalpolaren.

Wird bei der Beschreibung von Strömungsfeldern um dynamischen Auftrieb erzeugende Strömungskörper der induzierte Widerstand, so wie dies im ersten Teil dieses Buches geschah ausgeklammert, so reichen hierzu aus Symmetriegründen meistens zweidimensionale Strömungsmodelle aus.

Im Gegensatz hierzu reichen zweidimensionale Strömungsmodelle bei Berücksichtigung einer endlichen Ausdehnung des Auftriebskörpers quer zur Anströmrichtung nicht mehr aus. Die in dem Fall zu berücksichtigende, im Bereich des Auftriebskörpers quer zur Anströmrichtung induzierte Strömung, erfordert ein dreidimensionales Strömungsmodell.

Bei den mittlerweile gesammelten Erfahrungen mit Potentialströmungen ist es zunächst spannend sich zu fragen, welche Eigenschaften die Strömung und deren Einfluss auf die Umgebung in unmittelbarer Nähe der Flügelenden besitzen könnte. Die dort zu erwartenden Umströmungsgeschwindigkeiten müssten besonders groß werden bei Flügeln mit geringer Streckung, die darüber hinaus zum Flügelende hin nicht schmal zulaufen, wie es bei Segelflugzeugen oder Verkehrsflugzeugen der Fall ist. Solche Flügelformen findet man z. B. bei Düsenjägern. Bei ihnen nimmt man einen hohen induzierten Widerstand bei niedrigen Geschwindigkeiten in Kauf, da genügend Leistung zur Verfügung steht, sodass diese Flugzeuge auch noch bei niedrigen Geschwindigkeiten eine große Zuladung haben um damit starten und landen zu können.

Bei hohen Geschwindigkeiten hingegen wird sich dieser Widerstand aus den oben genannten Gründen sehr verringern.

Ein erster Gedanke wie das Strömungsfeld in dem Bereich der Flügelenden aussehen könnte, ist, dass entsprechend Bild 2.2 an den Flügelenden, wenn man nur die Geschwindigkeitskomponenten senkrecht zur Strömungsrichtung betrachtet, ständig neue mit einem Drehimpuls behaftete Fluidmengen generiert werden. Diese Bereiche werden demnach in Strömungsrichtung von dem Flügel weggetragen. Der Drehimpuls dieser Strömungsgebiete ist, wenn man von Bild 2.2 ausgeht, und den Flügel von vorne betrachtet auf der rechten Seite entgegengesetzt zum Uhrzeigersinn ausgerichtet und auf der linken Seite im Uhrzeigersinn ausgerichtet. Weiter ist anzunehmen, dass die in Strömungsrichtung mit der Strömungsgeschwindigkeit von dem Auftriebskörper sich wegbewegenden Strömungsmuster zum großen Teil stationär sind, was bedeutet, dass sie einen großen Anteil an potentialströmungsähnlichen Eigenschaften und damit einen großen Anteil an potentialwirbelähnlichen Eigenschaften besitzen.

Diese Potentialswirbel besitzen allerdings in ihrem Zentrum im Gegensatz zu der bei der Zirkulationsströmung um einen Tragflügel betrachteten Strömung mit, wie es im Kapitel „Wirbel, Zirkulation, Auftrieb" salopp ausgedrückt wurde, versteckten Wirbeln im Flügelbereich (siehe Bild 1.9) nichts anderes als Fluidmasse in deren Zentrum. Das bedeutet aber, dass hier aus den bisherigen Überlegungen heraus, wie sich eine in der Praxis existierende Strömung einer Potentialströmung annähert, extrem hohe Geschwindigkeitswerte im Zentrum dieser Strömungsstrukturen zu erwarten sind.

Dass diese Annäherung an einen Potentialwirbel auch in der Realität zutrifft, kann man sehr schön gerade bei Düsenjägern beobachten, deren induzierte Widerstandswerte bei niedrigen Geschwindigkeiten besonders hoch sind, mit der Konsequenz, dass die hier betrachteten Effekte auch besonders stark zutage treten.

Aufgrund der zu erwartenden hohen Geschwindigkeitswerte an den Flügelenden, und den daraus resultierenden extrem niedrigen Druckwerten, kann die Luft hier nicht als inkompressibel betrachtet werden, weshalb man berücksichtigen muss, dass die Dichte der Luft sich an diesen Stellen verringert. Diese Verringerung der Dichte bedeutet, dass die Luft an diesen Stellen Volumenarbeit leistet, weshalb sie thermische

Abb. 2.3: Sichtbare Randwirbel.

Energie verliert, was zu einer spontanen Abkühlung der Luft führt. Die Abkühlung der Luft ruft dann den gut sichtbaren Effekt des Auskondensierens von Feuchtigkeit hervor (Bild 2.3).

Der Hufeisenwirbel

An dieser Stelle, zunächst noch ein paar allgemeine Gedanken zu dem Thema Wirbel.

Siehe hierzu auch die Helmholtzsche Wirbelsätze, die sich allgemeiner nicht nur auf Potentialströmungen, sondern auf inkompressible, reibungsfreie Flüssigkeiten ohne Wärmeleitung beziehen [1].

Beschränkt man sich bei der Beschreibung von Wirbeln nicht wie in dem Kapitel „Wirbel, Zirkulation, Auftrieb" auf die zweidimensionale Darstellung, so geschieht die Beschreibung im dreidimensionalen Raum anschaulich ausgedrückt durch vektorielle Addition dreier Vektorkomponenten, die jeweils in Richtung der drei Koordinatenachsen des kartesischen Koordinatenkreuzes ausgerichtet sind. Jede dieser drei Vektorkomponenten besitzt den Betrag der Wirbelstärke der von den jeweils zwei verbleibenden Koordinatenachsen aufgespannten zugeordneten Ebene, auf der die jeweilige Vektorkomponente somit senkrecht ausgerichtet ist. Der Wirbelvektor $\vec{w}$ zeigt demzufolge in die Richtung, in der die Wirbelstärke am größten ist und sein Betrag entspricht der Wirbelstärke in dieser Richtung. Der so definierte Wirbelvektor $\vec{w}$ wird durch den Differentialoperator „rot", (genannt Rotation), der einem Vektorfeld, in diesem Fall dem

Geschwindigkeitsvektorfeld $\vec{v} = v_x, v_y, v_z$ ein anderes Vektorfeld, in diesem Fall das Wirbelvektorfeld zuordnet, gebildet:

$$\vec{w} = \left(\frac{\partial v_z}{\partial y} - \frac{\partial v_y}{\partial z}\right)_x, \left(\frac{\partial v_x}{\partial z} - \frac{\partial v_z}{\partial x}\right)_y, \left(\frac{\partial v_y}{\partial x} - \frac{\partial v_x}{\partial y}\right)_z.$$

Ganz allgemein, kann ein auf diese Art gebildetes Vektorfeld mit dem Geschwindigkeitsvektorfeld einer inkompressiblen Flüssigkeitsströmung verglichen werden. Ein wesentliches Merkmal der inkompressiblen Strömung einer Flüssigkeit ist die, dass in ein Volumenelement des betrachteten Strömungsgebietes pro Zeit immer genau so viel Flüssigkeit hineinfließt, wie herausfließt. Betrachtet man infinitesimal kleine Volumenelemente, so lässt sich dies elegant durch den Differentialoperator der Divergenz ausdrücken, dessen Anwendung auf ein Vektorfeld den Nettofluss des Vektorfeldes durch das infinitesimale Volumen ausdrückt und somit den Vektor auf einen Skalar abbildet (siehe auch Anhang Bild A.1). Angewendet auf das Geschwindigkeitsfeld einer inkompressiblen Strömung ist es daher immer gleich null:

$$\mathrm{div}\,\vec{v} = \frac{\partial v_x}{\partial x} + \frac{\partial v_y}{\partial y} + \frac{\partial v_z}{\partial z} = 0.$$

So wie die Stromlinien in solch einer Strömung niemals enden können, so enden auch Wirbellinien (Linien, deren Richtung in jedem Punkt des betrachteten Gebietes mit der Richtung des Wirbelvektors übereinstimmen) niemals, denn die Divergenz eines Wirbelfeldes ist ebenfalls immer gleich null, was sehr leicht gezeigt werden kann, da die Differentiationsreihenfolge keine Rolle spielt, weshalb sich nach Anwendung des Divergenzoperators auf den Wirbelvektor alle Glieder bei der Summation des Ausdrucks aufheben!

Betrachtet man potentialströmungsähnliche Strömungen, in denen die Zirkulation nicht verschwindet, die ja Hauptgegenstand der bisher betrachteten dynamischen Auftriebsströmungen waren, so kann man sich bildlich vorstellen, dass die Wirbelstärkendichte in solch einer Strömung auf einen schlauchartigen kleinen Bereich der Strömung begrenzt ist.

Da sich die Wirbelstärke jedes Wirbelvektors nicht ändert, wird sich die aufsummierte Wirbelstärke in dem schlauchartigen Gebilde ebenfalls nicht ändern, (vergleichbar mit der zeitlichen Durchflussmenge von Wasser in einem Schlauch, die ja an jeder Stelle des Schlauches die gleiche ist) was einmal zur Folge hat, dass die Zirkulation um das Schlauchgebilde an jeder Stelle des Gebildes den gleichen Wert besitzt und, dass andererseits dieses Schlauchgebilde nicht einfach enden kann, sondern entweder geschlossen ist (ringförmige Zigarettenrauchwirbel) oder von Rändern begrenzt wird (Tornados, die Begrenzung unten ist der Boden, oben eine Luftschichtung), oder unendlich ausgedehnt ist, was im Falle des induzierten Widerstandes zutrifft.

Betrachtet man die für den Flügelauftrieb notwendige Zirkulation als das Resultat eines auf unendlich kleinen Durchmesser komprimierten Wirbels in der Flügelebene,

so stellen die an den Tragflächenenden in Strömungsrichtung weggetragenen rotierenden Luftmassen eine Fortführung dieses Wirbels dar. Zusammen mit dem Wirbel in der
Tragflächenebene (man nennt ihn einen gebundenen Wirbel, da er räumlich an den
Tragflügel gebunden ist) stellen die beiden äußeren nicht gebundenen Wirbel einen huf-
eisenförmigen nicht endenden Wirbel dar (Bild 2.4).

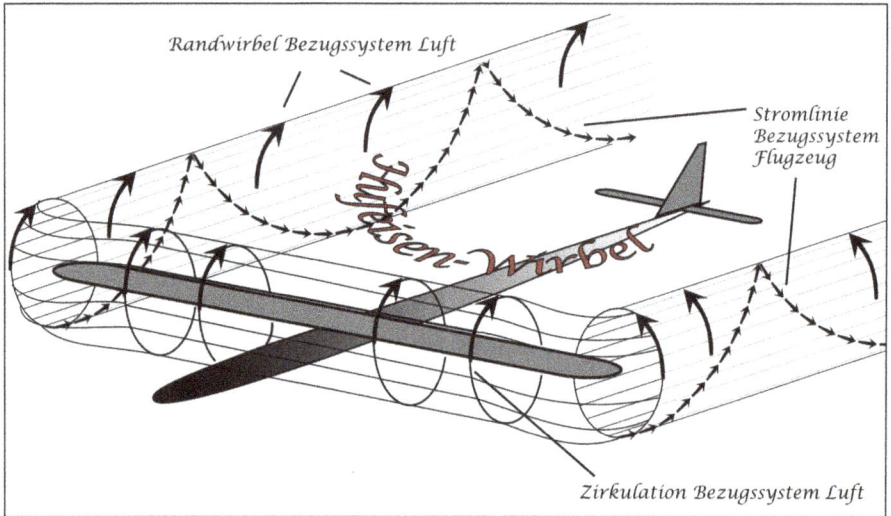

Abb. 2.4: Der Hufeisenwirbel.

Der Vollständigkeit halber muss in diesem Zusammenhang auch noch einmal der
im ersten Kapitel beschriebene Anfahrwirbel, der sich bei der Entstehung des dynamischen Auftriebes bildet, erwähnt werden. In dem dort betrachteten Zusammenhang
dieses Wirbels mit der Auftriebsströmung ohne die Berücksichtigung der in diesem Kapitel zu beschreibenden induzierten Flügelumströmung, konnte man den Anfahrwirbel
als einen Wirbel mit seitlichen Rändern auffassen. Die Ränder waren im übertragenen
Sinn die in der dortigen Beschreibung nicht berücksichtigten Bereiche einer Auftriebsströmung, wo die Flügel aufhören. Aber auch ohne diese hypothetischen gedanklichen
Ränder von Anfahrwirbeln, kann man sich sehr wohl auch reale Anfahrwirbel mit solcher Art von Rändern vorstellen. Man denke dabei an einen eingespannten Tragflügel
in einem Windkanal, bei dem solche beranderten Anfahrwirbel existieren müssen, wobei eine induzierte Widerstandsströmung und damit ein induzierter Widerstand nicht
hervorgerufen werden kann.

Bei den in diesem Kapitel „der induzierte Widerstand" betrachteten Auftriebsströmungen, ohne die Existenz derartiger Ränder, kann man deshalb das gesamte erzeugte
Wirbelsystem an einem Tragflügel auch als Ringwirbel auffassen, bei dem der Anfahrwirbel den hinteren, die Hufeisenwirbelzöpfe verbindenden Abschluss, darstellt. Der

Einfluss des Anfahrwirbels spielt allerdings in den folgenden Betrachtungen keine Rolle, da er im wahrsten Sinne weit weg ist und mit der Zeit aufgrund der Dissipation vom energetischen Standpunkt her nicht mehr nachweisbar ist.

Als Nächstes wird man sich fragen, wie die an den Flügelenden induzierte Strömung sich auf den gesamten Flügel auswirkt. In dem bisherigen Modell ist der in der Flugzeugebene liegende gebundene Wirbel über die ganze Länge des Flügels konstant und damit auch die Zirkulation und der Auftrieb!

Dass dies in der Realität nicht so sein wird, ist naheliegend. Die scharfen Druckunterschiede werden an den Flügelenden nicht auftreten, sondern einen sanfteren Verlauf zum Bereich des Flügelinneren aufweisen.

In diesem Zusammenhang wird die Flügelgeometrie eine wesentliche Rolle spielen!

Am Ende sich verjüngende Flügel mit einer hohen Streckung werden erwartungsgemäß einen besonders sanften Auftriebsverlauf besitzen. Ein Beispiel für eine mögliche Druckverteilung, die man entlang eines Tragflügels in der Praxis messen kann, sieht man in Bild 2.5.

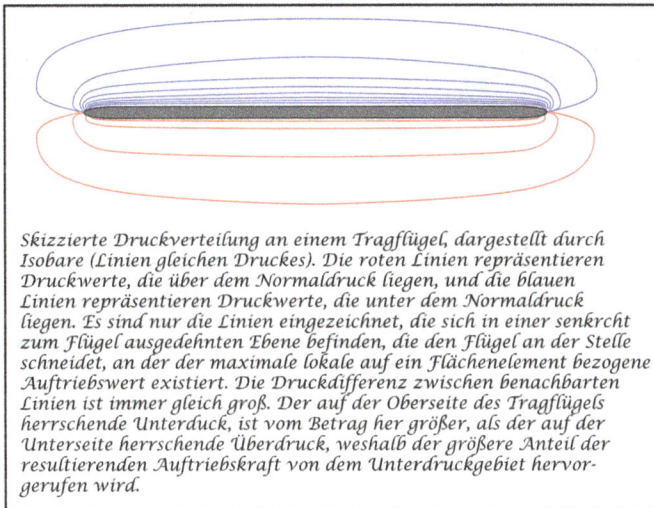

Skizzierte Druckverteilung an einem Tragflügel, dargestellt durch Isobare (Linien gleichen Druckes). Die roten Linien repräsentieren Druckwerte, die über dem Normaldruck liegen, und die blauen Linien repräsentieren Druckwerte, die unter dem Normaldruck liegen. Es sind nur die Linien eingezeichnet, die sich in einer senkrecht zum Flügel ausgedehnten Ebene befinden, die den Flügel an der Stelle schneidet, an der der maximale lokale auf ein Flächenelement bezogene Auftriebswert existiert. Die Druckdifferenz zwischen benachbarten Linien ist immer gleich groß. Der auf der Oberseite des Tragflügels herrschende Unterdruck, ist vom Betrag her größer, als der auf der Unterseite herrschende Überdruck, weshalb der größere Anteil der resultierenden Auftriebskraft von dem Unterdruckgebiet hervorgerufen wird.

Abb. 2.5: Isobare.

Eine aus solcher Druckverteilung resultierende Form der Stromlinien unmittelbar an der Flügeloberfläche, ist in Bild 2.6 skizziert (Sicht von oben, die roten Linien befinden sich unterhalb des Flügels und die blauen Linien oberhalb).

Bei dem in Bild 2.7 dargestellten landenden Flugzeug, wird das induzierte Strömungsfeld im Bereich des gesamten Flügels aufgrund des verbrannten Reifengummis sichtbar.

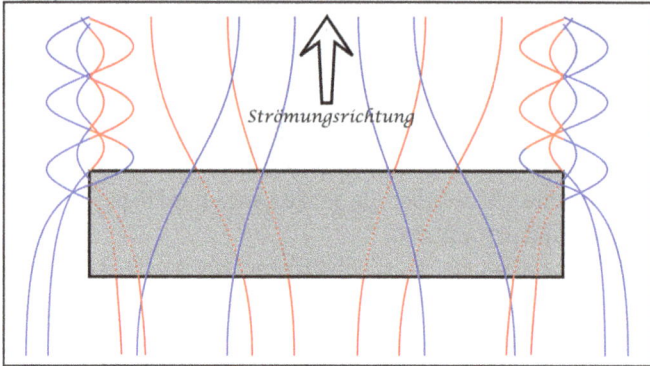

Abb. 2.6: Grafik der induzierten Umströmung.

Abb. 2.7: Sichtbarmachung des Ausmaßes induzierter Strömung.

Der Auftrieb entlang des Flügels ist also nicht konstant, sondern nimmt nach außen hin ab. Dies bedeutet aber, dass das Modell des Hufeisenwirbels modifiziert werden muss.

Eine der Realität nahekommende, sich mit den zuletzt gestellten Fragen beschäftigende Theorie stellt das Traglinienverfahren dar.

Traglinienverfahren

Diese von Ludwig Prandtl[1] schon im Jahre 1918 entwickelte Theorie ist in der Lage, das wesentliche des dynamischen Auftriebsmechanismus unter Berücksichtigung des induzierten Widerstandes zu veranschaulichen [2]. Darüber hinaus ist es mit ihrer Hilfe möglich mit analytischen mathematischen Ausdrücken eine Abschätzung von induzierten Widerständen zu liefern.

Ein nicht an jeder Stelle des Flügels gleicher Auftrieb bedeutet wegen der Helmholtz'schen Wirbelgesetze, *dass schon früher als an den Tragflächenenden bereits Wirbelzöpfe in Strömungsrichtung entstehen müssen.*

Eine Möglichkeit die Kernaussage von Prandtl's Traglinienverfahren zu veranschaulichen, ist es sich zunächst einen stufenweise nach außen hin abnehmenden Auftrieb und einer damit verbundenen stufenweise abnehmenden Stärke der Zirkulation vorzustellen.

An jeder Stufe muss sich dann wegen der Forderung nach nicht endenden Wirbeln, ein in Strömungsrichtung liegender Wirbel bilden, dessen Stärke von dem Maß abhängt, wie die Zirkulation an dieser Stelle abnimmt, und dessen Entstehung auf der Linie liegt, auf welcher die Auftriebskraft ansetzt, sodass diese Linie auch als Auftriebslinie oder Traglinie bezeichnet werden kann (Bild 2.8).

Der folgende Gedankenschritt führt dann zu der Vorstellung einer kontinuierlichen Überlagerung solcher Wirbel (die Stufen werden unendlich klein), wobei das Maß der lokalen Wirbelstärke davon abhängen muss, wie stark die infinitesimale Änderung der Zirkulation des gebundenen Wirbels sich entlang des Flügels pro Flügelelement *dy* ändert, was durch den Ausdruck (2.3) beschrieben wird.

Das gesamte induzierte Strömungsfeld kann schließlich als die Summe aller dieser kontinuierlich entlang des Flügels verteilten Wirbel betrachtet werden!

Um diese kontinuierliche Überlagerung mathematisch zu beschreiben, ist es erforderlich, sich noch einmal mit dem Thema Wirbel zu beschäftigen. Wie schon im Kapitel „Dynamischer Auftrieb" am Beispiel von zweidimensionalen Modellen des Potentialwirbels und der Beschreibung der Zirkulation als Folge eines sich in der Tragflügelebene befindenden Wirbels beschrieben wurde, wirkt sich der Einfluss einer auf einen Punkt konzentrierten Wirbelstärke auf das Strömungsmedium immer so aus, dass eine konzentrische Strömung induziert wird, bei der sich die Geschwindigkeit umgekehrt proportional zum Radius verhält (Potentialwirbel).

In Bild 2.9a wird zunächst ein stufenweise sich entlang der Tragfläche ändernder Auftrieb angenommen. Die Ursache der Zirkulation und damit für den Auftrieb, der an

---

1 Ludwig Prandtl (* 4. Februar 1875 in Freising; † 15. August 1953 in Göttingen) war ein deutscher Physiker. Er lieferte bedeutende Beiträge zum grundlegenden Verständnis der Strömungsmechanik und entwickelte die Grenzschichttheorie. Bei seinen Ausführungen war ihm eine anschauliche Darstellung sehr wichtig.

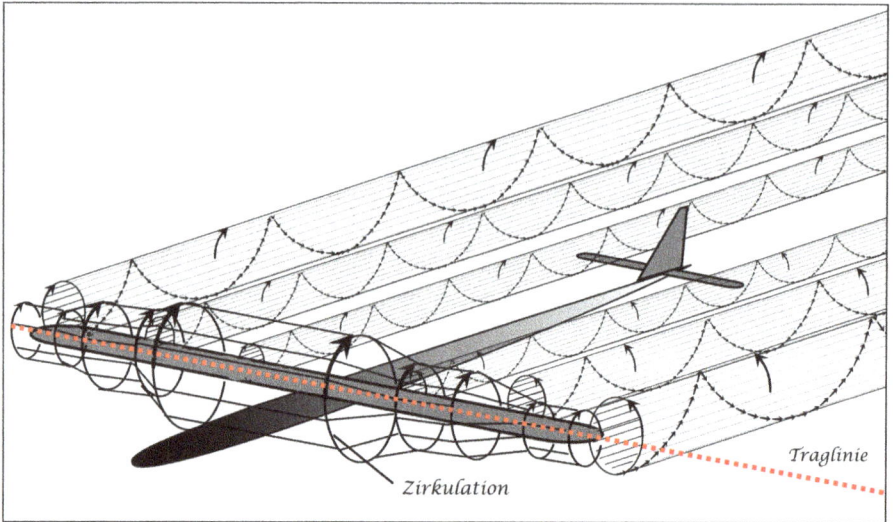

Abb. 2.8: Kontinuierlich nach außen abnehmende Wirbelstärke.

einem bestimmten Flügelelement angreift, wird durch vier um das betreffende Flügel-element wirbelinduzierte Strömungsfelder (Potentialwirbel) skizziert. Das Maß mit dem die Wirbelstärke der sich jeweils im Zentrum jedes dieser Strömungsfelder befinden-den, auf einen Punkt idealisierten Wirbelströmung von außen nach innen abnimmt, be-stimmt das sich entlang des Flügels ausbildende Geschwindigkeitsprofil der sogenann-ten Abwindströmung oder kurz des Abwindes. Mit dem Ausdruck „Abwindströmung" bezeichnet man den vertikal nach unten gerichteten Anteil der Strömungsgeschwindig-keit. In dem hier skizzierten Fall nimmt die Wirbelstärke entlang des Flügels zur Mitte hin ab. Es fällt auf, dass der Abwind entlang des Flügels relativ konstant ist. Nachfol-gende Berechnungen werden zeigen, dass der Abwind im Falle einer kontinuierlichen elliptischen Auftriebsverteilung entlang des gesamten Flügels konstant ist (vergleiche eine kontinuierliche Wirbelstärkeverteilung in Bild 2.14).

Ein extremes Gegenbeispiel zu solch einer Abwindverteilung erhält man, wenn die sich überlagernden induzierten Wirbelströmungen entlang des Flügels konstant sind. Alle vertikalen Geschwindigkeitskomponenten heben sich im Inneren der Flügelhälf-ten dann auf, weshalb nur im Bereich der Flügelenden ein Aufwind existieren würde (Bild 2.9b).

In Bild 2.9c, ist das gesamte resultierende Geschwindigkeitsfeld, der in Bild 2.9a ab-gebildeten wirbelinduzierten Strömungsfelder skizziert.

Um das Strömungsfeld der kontinuierlich entlang des Flügels verteilten Wirbels zu berechnen, muss man wissen, wie sich der Einfluss jedes einzelnen Wirbels auf jeden Punkt des Raumes auswirkt.

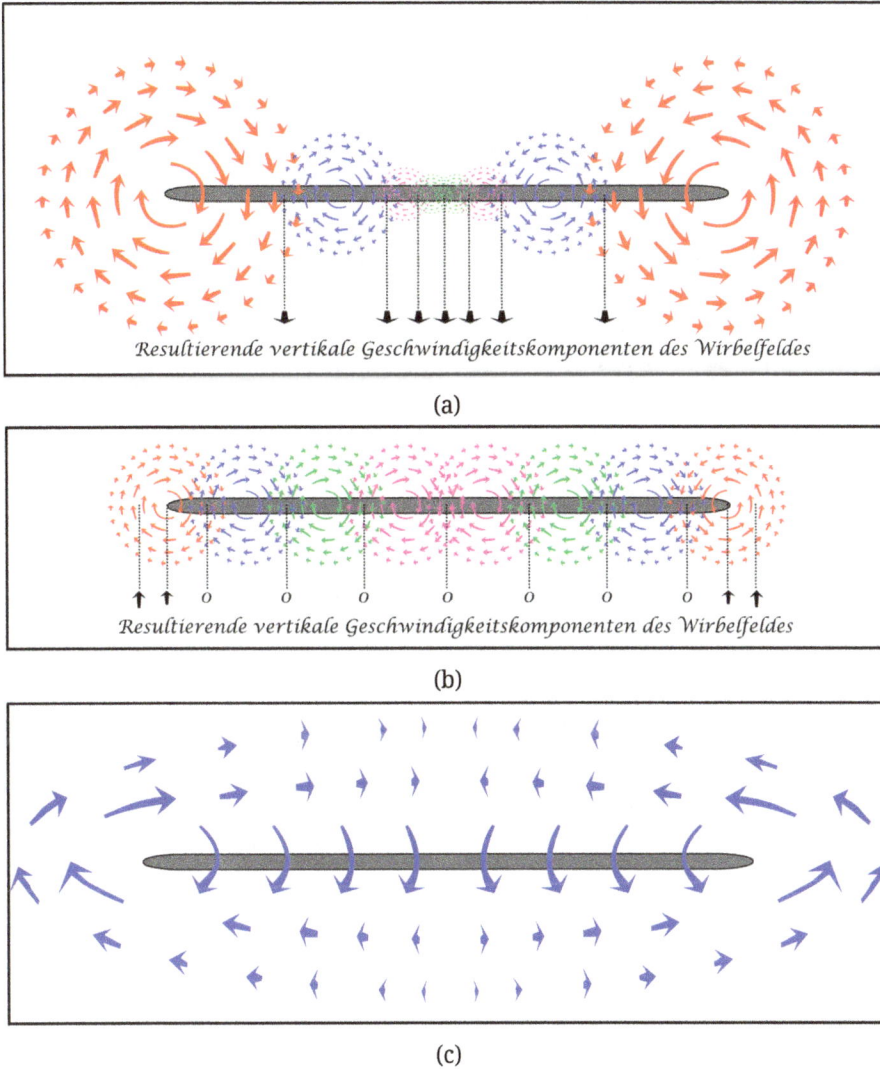

Resultierende vertikale Geschwindigkeitskomponenten des Wirbelfeldes

(a)

Resultierende vertikale Geschwindigkeitskomponenten des Wirbelfeldes

(b)

(c)

Abb. 2.9: Verschiedene Wirbelüberlagerungen.

Hierzu nutzt man wieder die Kenntnis, dass der Einfluss eines Wirbels auf das umliegende Strömungsgebiet darin besteht, dass er in einem bestimmten Raumpunkt P eine Geschwindigkeit induziert, deren Betrag umgekehrt proportional zum Abstand des Punktes und proportional zur Wirbelstärke ist. Die Richtung des Geschwindigkeitsvektors wird durch die Ausrichtung des Wirbelvektors $\mathbf{w}$ bestimmt, und ist senkrecht zur Verbindungslinie $P \sim \mathbf{w}$ ausgerichtet.

Biot-Savart'sches Gesetz

Im Gegensatz zu den meist zweidimensionalen Betrachtungen bei der Beschreibung des dynamischen Auftriebs ist es jetzt erforderlich die Ausdehnung der Wirbel in Strömungsrichtung mitzuberücksichtigen, weshalb es sich aufgrund der nur in diese eine Richtung ausgedehnten Wirbel mathematisch formuliert um halb unendlich lange Wirbelfäden handelt. Das Gesetz, das ganz allgemein den gesuchten Einfluss von Wirbelfäden auf seine Umgebung beschreibt, ist das auch in der Elektrodynamik verwendete Biot-Savart'sche Gesetz.

Man erhält aus diesem Gesetz als Ergebnis der hier betrachteten geraden halb unendlichen Wirbelfäden den einfachen Zusammenhang, dass die von diesen Wirbelfäden induzierte Geschwindigkeit v in einem Abstand L von der Wirbelachse bei einer entlang des Wirbelfadens konstanten Zirkulation (Helmholtz'sche Wirbelgesetze) den Betrag $v = \frac{\Gamma}{4\pi L}$ besitzt.

In Bild 2.10 ist die an der Traglinie induzierte abwärtsgerichtete Geschwindigkeit v skizziert.

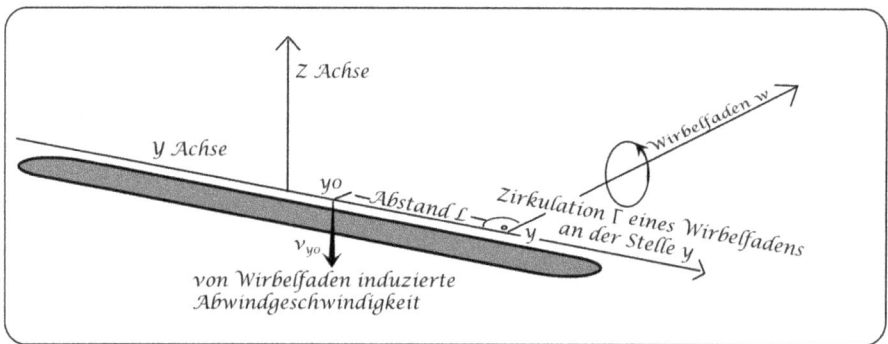

Abb. 2.10: Biot-Savart-Gesetz.

Drückt man diese Geschwindigkeit v an der Stelle y_0, des in den Flügel gelegten Koordinatensystems durch die an der Stelle y existierende Zirkulation des ungebundenen Wirbelfadens w aus, so erhält man

$$v_{(y_0)} = \frac{\Gamma_{\text{ungebunden}_{(y)}}}{4\pi(y - y_0)}. \tag{2.1}$$

Es wird sich jetzt zeigen, dass die folgende auf Ludwig Prandtls Traglinientheorie beruhenden Ausführungen es ermöglichen, die zunächst undurchschaubar erscheinenden komplexen Zusammenhänge der induzierten Flügelumströmung in einfacher Weise darzustellen!

Eine ganz entscheidende Einsicht ist es, dass die Strömung im Bereich des Flügels eine abwärtsgerichtete Geschwindigkeitskomponente erhält, weshalb man diesen Teil der induzierten Strömung wie weiter oben schon erwähnt, mit Abwind bezeichnet.

Man könnte sich jetzt fragen, wie soll eine nach unten gerichtete Strömung direkt am Flügel existieren, wenn dieser der Strömung salopp ausgedrückt doch im Weg ist.

Der Gedanke ist gut, denn die Beantwortung der ihm zugrunde liegenden Frage erweitert das Verständnis und liefert darüber hinaus eine *geometrische Anschauung des induzierten Widerstandes*!

Jetzt aber zur Beantwortung dieser Frage.

Zunächst vergegenwärtige man sich noch einmal die Situation ohne Einfluss der induzierten Strömung. Der Flügel wird mit einer Geschwindigkeit angeströmt, wobei man zweckmäßigerweise als Geschwindigkeitskennzahl Richtung und Betrag der Geschwindigkeit v_∞ in genügend weitem Abstand zum Flügel benutzt.

Die Ausrichtung des Flügels zur Strömung bestimmt die Stärke des Auftriebes. Zur Bestimmung dieser Ausrichtung nimmt man zweckmäßig wie schon in Kapitel 1 beschrieben die Richtung der Profilsehne und bezeichnet den Winkel zwischen ihr und v_∞ als geometrischen Anstellwinkel α.

Eine induzierte Abwindströmung würde bei gleich bleibender Ausrichtung des Flügels im Raum zu einer Verringerung der Anströmrichtung in unmittelbarer Profilnähe führen. Um dieses Phänomen zu beschreiben, definiert man den effektiven Anstellwinkel α_{eff}, welcher die Anströmung in unmittelbarer Nähe zum Profil angibt. Um eine Auftriebsminderung aufgrund der Abwindströmung zu verhindern, muss der geometrische Anstellwinkel um einen mit induziertem Anstellwinkel α_i bezeichneten Betrag vergrößert werden, sodass die Anströmung in unmittelbarer Nähe des Profils (und damit der effektive Anstellwinkel) gleich bleibt. Die Summe aus dem effektiven und dem induzierten Anstellwinkel entspricht also immer dem geometrischen Anstellwinkel!

Der größere geometrische Anstellwinkel *passt sich damit der abwärtsgerichteten Strömungsrichtung an*, weshalb damit die Frage, ob der Flügel der Strömung im Wege sei, beantwortet ist.

Hierbei ist es wichtig den Unterschied zwischen der am Flügel induzierten Abwärtsströmung und der bei der Beschreibung des dynamischen Auftriebsprinzips beschriebenen Abwärtsbeschleunigung von Luft, zu erkennen!

Man rufe sich noch einmal in Erinnerung, dass die Beschleunigungs- und Geschwindigkeitswerte des Strömungsmediums bei dem dynamischen Auftriebsmodell, ohne die Berücksichtigung des induzierten Widerstandes weit hinter dem Flügel gleich null sind, sodass abgesehen von Reibungsverlusten in den dort verwendeten Modellen keine Energieabgabe zur Auftriebserhaltung nötig war. Dies steht ganz im Gegensatz zu der permanent notwendigen Energiezufuhr in einer Auftriebsströmung mit induzierter Abwindströmung, die sich durch einen hervorgerufenen induzierten Widerstand äußert.

Geometrische Deutung des induzierten Widerstandes

Die gerade angestellten Überlegungen über die Beeinflussung der Profilanströmung aufgrund der an den Flügelenden induzierten Strömung ermöglichen es eine geometrische Anschauung des bisher nur abstrakt als Folge eines Energieverlustes betrachteten induzierten Widerstandes zu bekommen!

In Bild 2.11 sind die Kräfteverhältnisse hierzu skizziert.

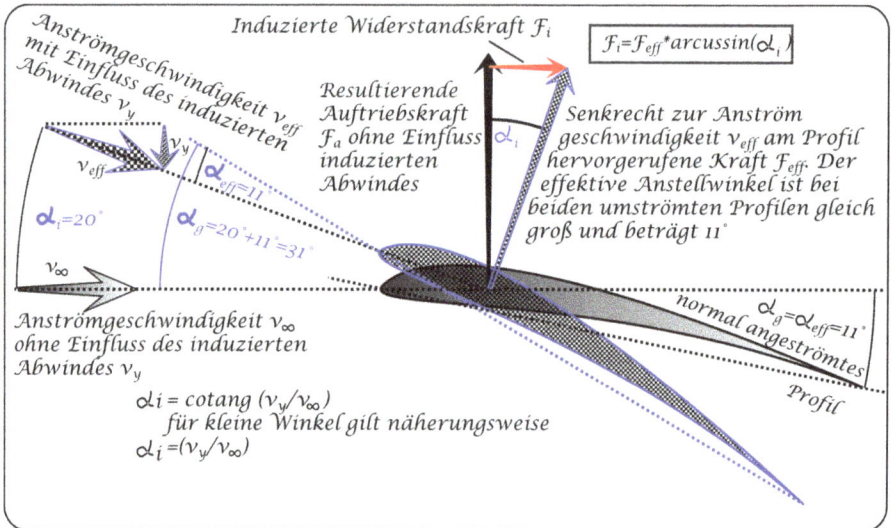

Abb. 2.11: Geometrische Deutung des induzierten Widerstandes.

Der senkrecht nach oben gerichtete schwarze Pfeil repräsentiert die resultierende Kraft, die an dem unschraffiert skizzierten Profil hervorgerufen wird, welches ohne Einfluss der induzierten Abwindströmung mit einem geometrischen Anstellwinkel von 11° angeströmt wird. Diese Kraft ist wegen der Vernachlässigung von Reibung und Turbulenz identisch mit der an dem Profil angreifenden Auftriebskraft und enthält keine in Strömungsrichtung wirkende Komponente!

Im Gegensatz hierzu repräsentiert der schraffierte Pfeil die an dem schraffiert skizzierten Profil angreifende resultierende Kraft Feff, bei Einfluss der induzierten Strömung.

Der geometrische Anstellwinkel des Profils ist so gewählt, dass der effektive Anstellwinkel, bei beiden angeströmten Profilen den gleichen Wert von 11° besitzt.

Die Kraft Feff ist jetzt nicht mehr identisch mit der resultierenden Auftriebskraft, die an dem sich in der induzierten Strömung befindenden Profil angreift, da sie nicht mehr vertikal ausgerichtet ist. Ihre vertikale für den Auftrieb verantwortliche Komponente ist naturgemäß kleiner als ihr Betrag.

Bei gleichen effektiven Anstellwinkeln und Anströmgeschwindigkeiten, sind die an Profilen in induzierten Strömungen hervorgerufenen Auftriebskräfte demnach geringer, als die Auftriebskräfte, die an Profilen in nicht induzierten Strömungen hervorgerufen werden.

Ist der induzierte Anstellwinkel klein, so können diese Differenzen der vertikal wirkenden Kräfte vernachlässigt werden, da diese dann gegen Null gehen.

Ganz elementar bei dieser Betrachtung ist aber die Tatsache, dass die Kraft Feff, eine in Strömungsrichtung liegende Komponente besitzt, die als *induzierte Widerstandskraft F_i (rot skizziert) gedeutet werden kann!*

Diese Kraft geht für kleine induzierte Anstellwinkel nicht gegen Null. Der Betrag der induzierten Widerstandskraft F_i entspricht in diesem Fall dem Produkt aus dem im Bogenmaß angegebenen induzierten Anstellwinkel und der Kraft Feff:

$$F_i = \alpha_i F_{\text{eff}}. \tag{2.2}$$

Weitere elementare Gesetzmäßigkeiten in einer induzierten Strömung werden erkennbar, wenn der Einfluss der Wirbelfäden auf den Abwind mathematisch noch präziser beschrieben wird.

Da eine kontinuierliche Verteilung der Wirbelstärken und damit auch der Zirkulation angenommen wird, können nur Zirkulationsdichten und Kraftdichten bezüglich eines kleinen Wegelementes dy auf der y-Achse betrachtet werden.

Anschaulich ausgedrückt gibt solch eine Zirkulationsdichte an, wie viel man an infinitesimaler Zirkulation $d\Gamma_{\text{ungebunden}}$ aufgrund der aufsummierten ungebundenen Wirbelstärke an der Stelle y des Flügels pro Flügellänge dy erhält. Dieser Wert entspricht wie oben erklärt, der Änderung der den Auftrieb bestimmenden vereinfacht ohne differentielle Ausdrucksform mit Γ bezeichneten *Zirkulationsdichte des gebundenen Wirbels* an der Stelle y des Flügels *pro Länge dy*.

Ist der Wert dieser Änderung negativ (d. h. die gebundene Zirkulation und damit der Auftrieb nehmen ab) so ist der Wert der dadurch hervorgerufenen ungebundenen Zirkulationsdichte positiv, was in Gleichung (2.3) auf der rechten Seite durch das negative Vorzeichen zum Ausdruck kommt.

Um Verwechselungen zu vermeiden, ist es wichtig sich noch einmal klar zu machen, dass in (2.1), die Zirkulation des ungebundenen Wirbels bestimmt, wie groß die Abwindgeschwindigkeit an einer Stelle y des Flügels ist *und, dass die Zirkulationsdichte der ungebundenen Wirbel an der Stelle y des Flügels gerade der Änderung der Zirkulationsdichte der gebundenen Wirbel an der Stelle y des Flügels entspricht*, weshalb beide Ausdrücke bis auf das negative Vorzeichen gleichgesetzt werden können:

$$\frac{d\Gamma}{dy} = -\frac{d\Gamma_{\text{ungebunden}}}{dy}! \tag{2.3}$$

Um die Abhängigkeit der Abwindgeschwindigkeit $v_{(y_0)}$ von der Zirkulationsdichte der ungebundenen Wirbel zu bestimmen, muss diese nun in differentieller Form angegeben werden. D. h. anschaulich ausgedrückt: Wie viel Abwindgeschwindigkeit wird pro Länge dy an der Stelle y_0 durch die an der Stelle y vorhandene Zirkulationsdichte induziert? Anstelle von (2.1) erhält man mit diesen Annahmen, wenn der Ausdruck der ungebundenen Zirkulationsdichte durch den Ausdruck für die Änderung der gebundenen Zirkulation pro Flügelement dy in (2.3) ersetzt wird, den Ausdruck (2.4):

$$d(v_{(y_0)}) = -\left(\frac{d\Gamma}{dy}\right)\frac{1}{4\pi(y-y_0)}dy. \tag{2.4}$$

Summiert man alle die Abwindgeschwindigkeit bestimmenden Einflüsse der über die Länge des Flügels mit der Spannweite S kontinuierlich verteilten ungebundenen Wirbel, so erhält an schließlich den Ausdruck:

$$v_{(y_0)} = -\frac{1}{4\pi}\int_{-S/2}^{S/2}\left(\frac{d\Gamma}{dy}\right)\frac{1}{(y-y_0)}dy. \tag{2.5}$$

Diese ganz elementare Gleichung beschreibt, wie groß der Abwind an der Stelle y_0 ist, wenn eine bestimmte Zirkulationsverteilung und damit Auftriebsverteilung $\Gamma_{(y)}$, entlang der y-Achse gegeben ist. Man kann mit dieser Gleichung sofort den Winkel a_i bestimmen. Für kleine a_i erhält man nach Bild 2.11 $a_i = v_{(y_0)}/v_\infty$ und somit für den Ausdruck (2.6):

$$\rightarrow a_i = -\frac{1}{4\pi \cdot v_\infty}\int_{-S/2}^{S/2}\left(\frac{d\Gamma}{dy}\right)\frac{1}{4\pi(y-y_0)}dy. \tag{2.6}$$

Elliptische Auftriebsverteilung

Mit den jetzt zur Verfügung stehenden Werkzeugen ist es möglich eine ganz elementare die Zirkulationsverteilung Γ und damit die Auftriebsverteilung entlang des Flügels betreffende Frage zu beantworten, nämlich:

Welche Auftriebsverteilung ist die energetisch günstigste?

Diese Frage entspricht einer anderen: Bei welcher Auftriebsverteilung ist das Verhältnis von induziertem Widerstand zur Auftriebskraft am kleinsten?

Häufig wird diese, für einen Flugzeugkonstrukteur sehr wichtige Auftriebsverteilung in der Literatur im Zusammenhang bei der Behandlung des Themas der Traglinien-Theorie von Prandtle beiläufig gefunden [2, 3]. Spannender ist es aber sich zu überlegen, wie man gezielt diese Auftriebsverteilung finden kann!

Aus diesem Grund wird die Frage wie man diese Auftriebsverteilung gezielt finden kann jetzt an dieser Stelle mit den Erkenntnissen der Prandtl'schen Traglinientheorie schon behandelt.

Eine mathematische Technik mit der Optimierungsaufgaben dieser Art gelöst werden, stellt die Variationsrechnung dar. In der Variationsrechnung kann eine Funktion gefunden werden (in diesem Beispiel ist das die gesuchte Auftriebsverteilung), die in einem Zusammenhang zu einer Größe steht, der durch ein Einfach- oder Mehrfachintegral über die unbekannte Funktion ausgedrückt wird (in diesem Fall ist diese Größe der induzierte Widerstand), sodass diese Größe ein Extremum annimmt.

In diesem Fall soll das Extremum, das der induzierte Widerstand annehmen soll, dem Minimum entsprechen. Das Aufsuchen der Funktion (Auftriebsverteilung), die diese Forderung erfüllt, ist allerdings nur sinnvoll, wenn es noch mit einer zusätzlichen Bedingung verknüpft wird. In diesem Fall besteht diese Bedingung in der Forderung danach, dass die Größe der Gesamtauftriebskraft vorgegeben ist.

Anstelle einer solch strengen mathematischen Herangehensweise, die sehr umfangreich ist, wird an dieser Stelle mit einfachsten Modellannahmen eine plausibel erscheinende Lösung dieser Frage gesucht.

Das Ziel was mit dieser nicht streng mathematischen Methode erreicht werden soll, ist es zu üben, einfache Lösungsansätze zu finden.

Die Ursache für die induzierte Strömung sind die, wie am Anfang des Kapitels schon ausgeführt wurde, am Flügelende bestehenden Druckverhältnisse in dem Strömungsmedium. Im Bereich der Oberseite des Tragflügels herrschen geringere Drücke vor als im Bereich der Unterseite. In der Zeit des Vorbeistreichens von Strömungsmedium in diesem Flügelbereich erfahren Volumenelemente eine Impulskomponente, die senkrecht zur Strömungsrichtung ausgerichtet ist, und deren Betrag proportional zur Zeitdauer des bestehenden Druckgefälles und proportional zum Druckgefälle sind.

Damit eine Umströmung des Flügels stattfinden kann, ist es erforderlich, dass im Bereich der Flügelebene eine Abwindgeschwindigkeit vorhanden ist. Hinsichtlich der Betrachtung der induzierten Energie des Strömungsfeldes ist von entscheidender Bedeutung, welche Auftriebsverteilung an dem Flügel gegeben ist. Diese Auftriebsverteilung bestimmt, wie hoch die Abwindgeschwindigkeit an einer bestimmten Stelle des Flügels ist und somit auch, ob die Summe aller dem Strömungsmedium zeitlich zugeführten Impulsbeträge durch wenige Volumenelemente (der Abwind ist nur auf einen kleinen Teil des Flügels beschränkt) oder durch viele Volumenelemente (der Abwind ist auf den ganzen Flügel gleichmäßig verteilt), zugeführt wird. Es wird hier ohne Beweis angenommen, dass die Druckverteilung am Flügelende unabhängig von der Art der Auftriebsverteilung ist, wobei weiter angenommen wird, dass die Summe aller den Volumenelementen zugeführten Impulsbeträge pro Zeit unabhängig von der Auftriebsverteilung und der Abwindverteilung ist.

Erinnert man sich an das erste Kapitel, in dem das Schrottmodell hinsichtlich der aufzuwendenden Energie behandelt wurde, so sind die Verhältnisse hier ähnlich. Aufgrund der Abhängigkeit der kinetischen Energie vom Quadrat der Geschwindigkeit ist es energetisch am günstigsten, *möglichst viel Masse, mit dafür geringer Geschwindigkeit* zu beschleunigen. Darüber hinaus ist es energetisch am vorteilhaftesten, wenn allen beteiligten Volumenelementen die gleiche Geschwindigkeit zugeführt wird. Da die induzierten Geschwindigkeitsbeträge naturgemäß, mit zunehmendem Abstand vom Flügel abnehmen, macht es den letzten Punkt betreffend Sinn hier nur immer die Geschwindigkeitsbeträge in gleichem Abstand vom Flügel zu betrachten und hier insbesondere nur die Bereiche zu betrachten, in denen die höchsten Geschwindigkeitsbeträge zu finden sind, da sie überproportional energetisch gesehen ins Gewicht fallen.

Der Bereich mit den höchsten auftretenden induzierten Geschwindigkeitsbeträgen ist der Bereich des Abwindfeldes in unmittelbarerer Nähe zum Flügel. Aus diesem Grund wird angenommen, dass die energetisch günstigste Auftriebsverteilung gegeben ist, wenn an jeder Stelle des Abwindfeldes die gleiche Abwindgeschwindigkeit existiert!

In Bild 2.12 wird die kinetische Energie im Bereich des Abwindfeldes von zwei verschiedenen Abwindverteilungen betrachtet. Es zeigt, dass bei gleichem Gesamtimpuls die konstante Abwindverteilung energetisch günstiger ist.

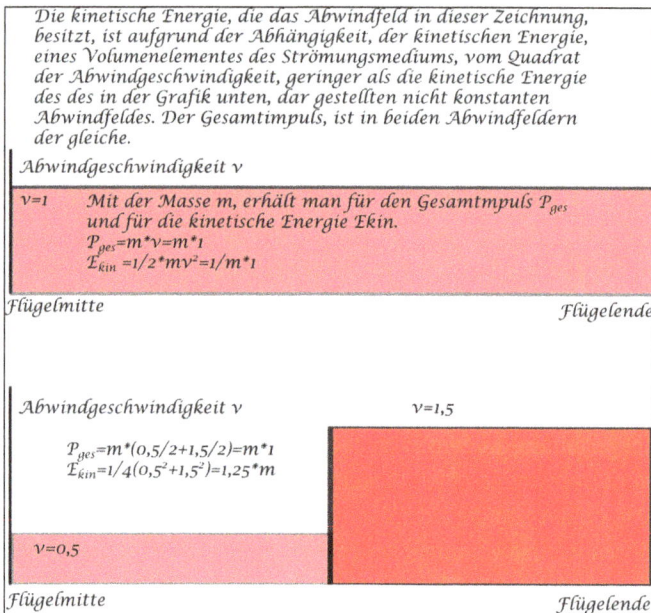

Die kinetische Energie, die das Abwindfeld in dieser Zeichnung, besitzt, ist aufgrund der Abhängigkeit, der kinetischen Energie, eines Volumenelementes des Strömungsmediums, vom Quadrat der Abwindgeschwindigkeit, geringer als die kinetische Energie des des in der Grafik unten, dar gestellten nicht konstanten Abwindfeldes. Der Gesamtimpuls, ist in beiden Abwindfeldern der gleiche.

Abwindgeschwindigkeit v

$v=1$ Mit der Masse m, erhält man für den Gesamtimpuls P_{ges} und für die kinetische Energie E_{kin}.
$P_{ges}=m*v=m*1$
$E_{kin}=1/2*mv^2=1/m*1$

Flügelmitte   Flügelende

Abwindgeschwindigkeit v $v=1,5$

$P_{ges}=m*(0,5/2+1,5/2)=m*1$
$E_{kin}=1/4(0,5^2+1,5^2)=1,25*m$

$v=0,5$

Flügelmitte   Flügelende

Abb. 2.12: Gedankenexperiment zur Optimierung der Auftriebsverteilung.

Eine mathematisch korrekte Behandlung hierzu findet man in [2].

Es wird dort bestätigt, dass die energetisch günstigste Abwindverteilung diejenige ist, bei der die Abwindgeschwindigkeit an jeder Stelle den gleichen Wert besitzt.

Damit ist auch schon ein wesentlicher Schritt auf der Suche nach der energetisch günstigsten Auftriebsverteilung gemacht worden.

Der nächste Schritt ist der, dass man in Gleichung (2.5) anstelle von v_0 eine Konstante einsetzt, da v_0 konstant sein soll. Als Ergebnis der zu lösenden Integralgleichung erhält man daraus den Ausdruck (2.7), der eine *elliptische Zirkulationsdichteverteilung* beschreibt:

$$\Gamma_{(y)} = \Gamma_0 \sqrt{1 - \left(\frac{2y}{S}\right)^2}.$$

(2.7)

Γ_0 ist die Zirkulationsdichte in der Mitte des Tragflügels, also der Stelle an der sie maximal ist.

Hiermit ist also die am Anfang gestellte Frage nach der energetisch günstigsten Auftriebsverteilung beantwortet.

Die energetisch günstigste Auftriebsverteilung entlang des Tragflügels ist elliptisch (Bild 2.13).

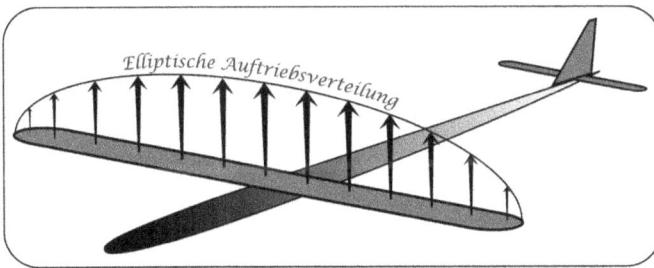

Abb. 2.13: Die elliptische Auftriebsverteilung.

In Bild 2.14 ist korrespondierend zur elliptischen Zirkulationsdichteverteilung der gebundenen Wirbel (Bild 2.13) der Verlauf der Zirkulationsdichte $\frac{d\Gamma_{ungebunden}}{dy}$ des ungebundenen Wirbelfeldes entlang der y-Achse skizziert, aus deren Überlagerung das Abwindfeld mit der entlang der im Bereich der Flügelspannweite konstanten Abwindgeschwindigkeit resultiert.

Diese Verteilung ergibt sich wegen dem Zusammenhang (2.3), einfach aus der Ableitung der Gleichung (2.7) nach y:

$$\frac{d\Gamma_{ungebunden}}{dy} = -d\left(\Gamma_0 \sqrt{1 - \left(\frac{2y}{S}\right)^2}\right)/dy = \frac{\Gamma_0 4y}{S^2} / \sqrt{1 - \left(\frac{2y}{S}\right)^2}.$$

Um sich die Gesetzmäßigkeiten bei der Überlagerung von Wirbelstärken zu veranschaulichen, bietet sich zu der in Bild 2.14 dargestellten kontinuierlichen Zirkulationsdichteverteilung ein Vergleich des primitiven Wirbelstärkestufenmodells in Bild 2.9a

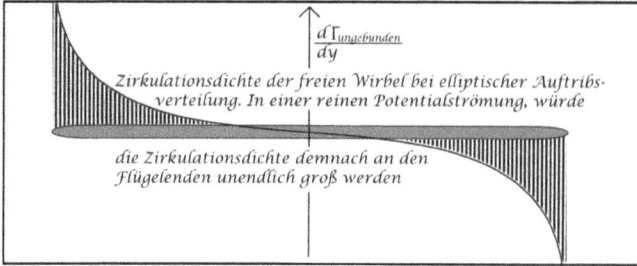

Abb. 2.14: Die kontinuierliche Zirkulationsverteilung.

an, bei dem vier verschiedene vom Rand des Flügels nach innen in der Intensität abnehmende Wirbelstärken mit den resultierenden vertikalen Geschwindigkeitskomponenten skizziert sind.

Bei den folgenden Ausführungen ist es hilfreich nicht die absoluten Kräfte, sondern die sogenannten Kraftbeiwerte zu benutzen (Erläuterungen hierzu im Kapitel „Ähnlichkeitstheorie").

Die Definition der auf eine Fläche A bezogenen Kraftbeiwerte, wie beispielsweise des Profilwiderstandsbeiwertes C_w, des induzierten Widerstandsbeiwertes C_{wi} oder des Auftriebsbeiwertes C_a, bei einer vorhandenen Widerstandskraft F_w, einer induzierten Widerstandskraft F_i oder einer Auftriebskraft F_a, entspricht:

$$C_w = \frac{2F_w}{\rho v_\infty^2 A}; \quad C_a = \frac{2F_a}{\rho v_\infty^2 A}; \quad C_{wi} = \frac{2F_{wi}}{\rho v_\infty^2 A}.$$

Analytische Ermittelung der Abhängigkeit des induzierten Widerstandsbeiwertes vom Auftriebsbeiwert

Entscheidend im Hinblick auf die Effizienz eines Tragflügels ist es zu wissen, wie der Beiwert des induzierten Widerstandes vom Beiwert des Auftriebes abhängt.

Um diesen Zusammenhang herzustellen, ist die Abhängigkeit des induzierten Anstellwinkels vom induzierten Widerstand geeignet.

Als Auftriebsverteilung wird von der elliptischen ausgegangen, da sie im Hinblick auf Effizienz die bestmögliche Verteilung darstellt.

Diese Auftriebsverteilung vereinfacht darüber hinaus noch die auszuführenden Rechnungen, da die Abwindströmung an jeder Stelle des Tragflügels konstant ist und damit auch der induzierte Anstellwinkel konstant ist. Um den Abwind zu berechnen, muss der Ausdruck von $\Gamma_{(y)}$ aus Gleichung (2.7) in Gleichung (2.5) eingesetzt werden. Da in Gleichung (2.5) nur die Ableitung von $\Gamma_{(y)}$ vorkommt, muss (2.7) zunächst differenziert werden. Als Ergebnis erhält man daraus: $v_{Abwind} = \frac{\Gamma_0}{2S}$, und daraus:

$$\alpha_i = \frac{\Gamma_0}{2Sv_\infty}. \tag{2.8}$$

Als nächstes wird der Gesamtauftrieb F_a einer elliptischen Auftriebsverteilung berechnet.

Aus dem im Kapitel „Dynamischer Auftrieb" hergeleiteten Zusammenhang von Zirkulationsdichte zu Auftriebskraftdichte folgt, dass die an dem Flügel resultierende Auftriebskraft durch Gleichung (2.9) ausgedrückt wird:

$$F_a = \rho v_\infty \int_{-S/2}^{S/2} \Gamma_{(y)} dy. \tag{2.9}$$

Das Einsetzen von $\Gamma_{(y)}$ aus Gleichung (2.5) in Gleichung (2.9) ergibt:

$$F_a = \rho v_\infty \Gamma_0 \int_{-S/2}^{S/2} \left(1 - \frac{4y^2}{S^2}\right)^{1/2} dy = \rho_0 v_\infty \Gamma_0 S\pi/4. \tag{2.10}$$

Zur Berechnung des induzierten Widerstandes, wie in Bild 2.9 skizziert, benötigt man den induzierten Anstellwinkel und erhält dann für kleine Winkel aus den beiden Gleichungen den gewünschten Zusammenhang $F_i = F_a \alpha_i$.

Um die Abhängigkeit der Beiwerte C_{wi} von C_a zu bestimmen, muss in Gleichung (2.10) zunächst nach Γ_0 aufgelöst werden: $\Gamma_0 = \frac{4F_a}{\rho v_\infty S\pi}$. In dieser Gleichung wird jetzt F_a durch C_a ausgedrückt und man erhält $\Gamma_0 = \frac{2v_\infty AC_a}{\pi S}$. Wird dieser Ausdruck in (2.8) eingesetzt, so erhält man den Ausdruck (2.11), in dem der induzierte Anstellwinkel durch den C_a-Wert ausgedrückt wird:

$$\alpha_i = \frac{AC_a}{\pi S^2}. \tag{2.11}$$

Hierbei wird der am Anfang des Kapitels beschriebene Sachverhalt verständlich, dass die Streckung Λ mit $\Lambda = \frac{A}{S^2}$ eine den induzierten Widerstand entscheidend beeinflussende Größe ist!

Schließlich erhält man für die gesuchte Abhängigkeit von C_{wi} und C_a, den Zusammenhang $C_{wi} = \alpha_i C_a$ und daraus, nach Einsetzen von α_i aus Ausdruck (2.10), *den wichtigen Zusammenhang*:

$$\boxed{C_{wi} = \frac{C_a^2}{\pi \Lambda}.} \tag{2.12}$$

Weicht der Flügelgrundriss von einer Ellipse ab, so hat es sich in der Praxis bewährt Korrekturfaktoren in (2.12) zu verwenden, die für typische Flügelgrundrisse berechnet wurden.

Eine in diesem Zusammenhang stehende weitere Frage, die hier nur ansatzweise behandelt wird, ist die Frage, auf welche Art die Flügelgeometrie einen Einfluss auf die Auftriebsverteilung hat.

Zum einen wird eine Verwindung des Flügels einen Einfluss haben, da durch sie der Anstellwinkel entlang der Flügelspannweite eine Änderung erfährt und sich somit die pro Flügellänge wirkende Auftriebskraftdichte entsprechend entlang des Flügels ändert. Ebenso wird sich eine entlang des Flügels ändernde Flächentiefe auswirken. Den bisherigen Ausführungen zur Folge besteht bei einem Flügel unendlicher Streckung in einer Potentialströmung sowohl zwischen dem Anstellwinkel und der Auftriebskraftdichte als auch zwischen der Flächentiefe und der Auftriebskraftdichte ein proportionaler Zusammenhang (Kapitel: „Analytisch ermittelte Größen einer Auftriebsströmung"). Sind die Werte von Flächentiefe und Anstellwinkel entlang des Flügels nicht konstant, so können die bei den Flügeln unendlicher Streckung ermittelten Werte der von Anstellwinkel und Flächentiefe abhängigen Auftriebskraftdichte nicht einfach übernommen werden.

Diese Art des Vorgehens wird nicht funktionieren, da in Bereichen entlang des Flügels mit hohen Anstellwinkeln oder großer Flächentiefe ein erhöhter Abwind existiert, demzufolge der effektive Anstellwinkel und damit die Auftriebskraftdichte gegenüber einem Flügel mit unendlicher Streckung vermindert wird.

Eine elliptische Flächenform ohne Flächenverwindung wird allerdings auch eine elliptische Auftriebsverteilung besitzen. Der Grund hierfür ist in dem an jeder Stelle des Flügels vorhandenen gleichstarken Abwindfeld zu sehen. Der effektive Anstellwinkel ist aufgrund des entlang des Flügels konstanten Abwindfeldes gegenüber einem Flügel mit unendlicher Streckung, der ja keinen Abwind produziert überall um den gleichen Betrag vermindert, was bedeutet, dass er an jeder Stelle des elliptischen Flügels den gleichen Wert besitzt. Gleicher effektiver Anstellwinkel bedeutet aber, wegen des proportionalen Zusammenhangs von Auftriebskraftdichte zu effektivem Anstellwinkel und zur Flächentiefe, dass eine elliptische Auftriebskraftdichte gegeben ist.

Um die bestehende Problematik bei einem nicht elliptischen Flügel etwas genauer zu behandeln, sei eine vorgegebene Abhängigkeit der Flächentiefe von der Entfernung zur Flügelmitte gegeben. Es besteht dann der Zusammenhang, dass sich die von dieser Entfernung abhängige Zirkulationsdichte und damit die Auftriebskraftdichte proportional zu dem effektiven Anstellwinkel und zu der Flächentiefe verhält. Bei einem vorgegebenen geometrischen Anstellwinkel kann die Zirkulationsdichte als proportionale Abhängigkeit von der Flächentiefe und der Differenz aus geometrischem Anstellwinkel und induziertem Anstellwinkel ausgedrückt werden. Dadurch erhält man eine Abhängigkeit der variablen Zirkulationsdichte und dem induzierten Anstellwinkel von der Flächentiefe.

Eine zweite Relation, welche die variable Zirkulationsdichte und den induzierten Anstellwinkel enthält, ist in (2.6) gegeben, weshalb die eine der Variablen, der induzierte Anstellwinkel, durch die andere Variable, die Zirkulationsdichte ausgedrückt werden kann. Hierdurch wird die Unsicherheit in der Beschreibung des Zusammenhangs reduziert, sodass die Abhängigkeit der Zirkulationsdichte (Auftriebsverteilung) von der Flächentiefe ermittelt werden kann. Umgekehrt kann ein Flugzeugkonstrukteur mithilfe dieser Zusammenhänge bei einer vorgegebenen Auftriebsverteilung den hierfür erforderlichen Verlauf der Flächentiefe entlang des Flügelgrundrisses bestimmen.

Die auf diese Art gefundene Beziehung zwischen Flächentiefenverteilung und Auftriebsverteilung wird auf die gleiche Art für die Beziehung von Flügelverwindung zur Auftriebsverteilung oder auch der Kombination von Flügelverwindung und Flächentiefenverteilung zur Auftriebsverteilung gefunden.

Abschließend wird noch angemerkt, dass sich bei Flügeln deren Form sich von einer Ellipse unterscheidet, wie z. B. Rechteckflügel oder Trapezflügel, die Auftriebsverteilung nicht in dem Maß von einer elliptischen Auftriebsverteilung unterscheidet, wie dies deren Flügelgeometrie vermuten ließe.

Induzierter Widerstand in einer Überschallströmung

Vorausgreifend auf das Kapitel „Dynamischer Auftrieb in kompressiblen Strömungen" folgen hier noch ein paar stichpunktartige, den in Überschallströmungen auftretenden induzierten Widerstand betreffende Anmerkungen.

Bei den bisherigen Betrachtungen wurde immer davon ausgegangen, dass sich Informationen in Strömungen ad hoc ausbreiten. Bei hohen Strömungsgeschwindigkeiten kann diese Vereinfachung nicht mehr gelten. Führt man sich noch einmal die am Anfang dieses Kapitels vollzogenen Überlegungen vor Auge, nach denen die an den Flügelenden vorbeistreifende Strömung über den gesamten Zeitraum des Vorbeistreifens die gesamte Strömung um den Auftriebskörper beeinflusst, so kann diese Annahme bei hohen Strömungsgeschwindigkeiten nicht mehr gültig sein!

Nimmt man als einfachstes Beispiel für einen Auftriebskörper einen Tragflügel mit rechteckigem Grundriss (Bild 2.15), so werden die mit Überschallgeschwindigkeit auf den Flügel zuströmenden Fluidelemente zum ersten mal eine Information über die Existenz des Flügels an der Vorderseite des Flügels erhalten. Der in Bild 2.15 illustrierte Mach-Kegel, aus dem keine Information heraus gelangen kann, bildet sich demnach an den beiden vorderen Stellen der Flügelenden aus. Eine Umströmung der Flügelenden

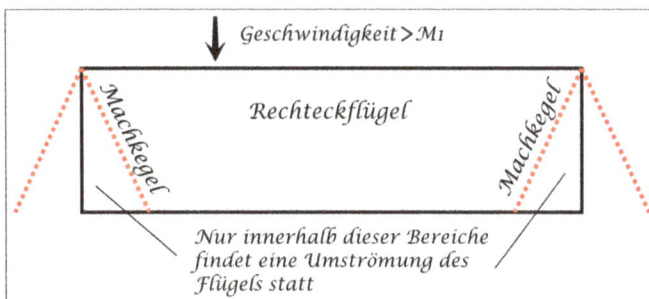

Abb. 2.15: Induzierter Widerstand bei Überschallströmung.

kann demnach nur in dem Bereich der beiden Mach-Kegel erfolgen! Präzisere Betrachtungen mit mathematischen einfachen Modellvorstellungen, die nicht nur auf Rechteckflügel begrenzt sind, findet man hierzu in [2] und [10].

Induzierter Widerstand beim Hubschrauber

Besonders extreme induzierte Strömungsformen, die sehr hohe Energieverluste verursachen, findet man bei Hubschraubern!

Während die Gesetze einer von einem sich geradlinig fortbewegenden Hubschrauber induzierten Strömung, denen einer von einem starren Auftriebskörper induzierten Strömung ähnlich sind, ändert sich dies, umso langsamer der Hubschrauber sich fortbewegt. Der Extremfall tritt ein, wenn die Horizontalgeschwindigkeit des Hubschraubers verschwindet, was bedeutet, dass der Hubschrauber sich im Schwebeflug befindet.

Mithilfe eines kleinen Gedankenexperimentes gelingt es einen Eindruck, der in diesem Fall zu erwartenden Gesetzmäßigkeiten zu erlangen.

Man stelle sich den Moment vor, in dem ein Hubschrauber gerade aus dem normalen Geradeausflug in den Schwebeflug übergegangen ist. Betrachtet man jetzt einen der sich um seine vertikal ausgerichtete Achse drehenden Rotorflügel des auch als Drehflügler bezeichneten Fluggerätes, so wird man an diesem Rotorflügel zunächst ähnliche Strömungsverhältnisse beobachten wie an den bisher behandelten starren Flügelprofilen gewöhnlicher Flugzeuge.

Die Besonderheit, dass die Außenbereiche der Flügel mit einer höheren Geschwindigkeit umströmt werden als die inneren, spielt bei diesen Überlegungen nur in der Hinsicht eine Rolle, in der im Zentrum der Rotorebene aufgrund der hier verschwindenden Strömungsgeschwindigkeit kein Auftrieb existieren kann. Den induzierten Widerstand betreffend, findet im äußeren Flügelbereich eine Umströmung der Flügelenden statt, die mit der eines starren Flügels vergleichbar ist. Die Umströmung des Flügels im inneren Bereich der Rotorebene ist dagegen komplizierter zu beschreiben, da wegen der im Zentrum gegen null gehenden Rotorblattgeschwindigkeit, hier eine in Richtung Zentrum kontinuierlich abnehmende Auftriebsverteilung vorliegt. Für die folgenden Betrachtungen genügt es allerdings den Rotorblattflügel einfach so zu behandeln wie einen starren Flügel, dessen strömungsmechanisch wirksame Spannweite aufgrund der komplizierten Verhältnisse in dem Bereich der Rotorachse etwas geringer ist als seine tatsächliche Spannweite.

Ein wesentlicher Gesichtspunkt bei den vorzunehmenden Überlegungen ist der, dass sich die drehenden Rotorflügel aufgrund ihrer Kreisbahn nach kurzer Zeit, nämlich genau nach der Zeit die sie brauchen für einen Umlauf, wieder in dem gleichen Bereich des Strömungsgebietes befinden, in dem sie bei Beginn des Schwebefluges waren. Die in diesem Bereich der Rotorebene bei Beginn des Schwebefluges induzierte Strömung, wird aus diesem Grunde bei dem zweiten Durchlauf des Rotorblattes verstärkt und folglich bei jedem weiteren Durchlauf weiter verstärkt. Da in der Praxis ein

Hubschrauber mindestens zwei Rotorblätter besitzt, ist nach diesen Überlegungen, die pro Umdrehung der Rotorwelle vorhandene Verstärkung der induzierten Strömung sogar um den Faktor der vorhandenen Anzahl von Rotorblättern höher.

Vereinfacht kann man die Verhältnisse eines Hubschraubers im Schwebeflug auf einen starren Auftriebskörper übertragen, der aus beliebig vielen hintereinander angeordneten Flügeln besteht.

Nimmt man z. B. an, dass jeder Bereich in der Rotorebene nach einer kurzen Zeit nach Beginn des Schwebefluges hundertmal von einem Rotorblatt durchlaufen wurde, so würde die von dem auf das entsprechende starre hintereinander angeordnete Flügelsystem übertragene induzierte Strömung in der Größenordnung liegen, die ein einzelner Flügel hervorriefe, dessen Flächentiefe um einen Faktor, der der Anzahl der hintereinander angeordneten Flügel entspräche, größer ist. In diesem Beispiel würde diese induzierte Strömung folglich der eines Flügels mit der hundertfachen Fläche des Rotorblattflügels, bei gleich bleibender Spannweite entsprechen!

Das Maß des induzierten Widerstandes wird durch die in (2.12) ausgedrückte Abhängigkeit von der Größe der Flügelstreckung bestimmt, die in diesem Fall also um den Faktor hundert kleiner wäre als bei einem einzelnen Flügel und somit einen starken Anstieg des induzierten Widerstandes verursachen würde.

Schaut man im Frühling oder im Herbst zum Himmel, so kann man bei dem Anblick vorbeiziehender Zugvögel beobachten, dass diese niemals hintereinander fliegen, da anderenfalls aufgrund der hier angestellten Überlegungen hinsichtlich hintereinander angeordneter Flügelsysteme und der damit verbundenen Erhöhung des induzierten Widerstandes, eine enorme Steigerung ihres Energieaufwandes notwendig wäre.

Sie vermeiden durch ihren versetzten Flug nicht nur das Anwachsen von induzierten Strömungsverlusten, sondern verringern diese sogar noch. Der Grund hierfür liegt darin, dass sich die Gesamtströmung der im Verband fliegenden Vögel bis zu einem bestimmten Grad so hinsichtlich des induzierten Widerstandes verhält, wie eine Strömung um einen einzelnen Flügel, dessen Silhouette der Flugformation der Vögel entspricht, dessen induzierter Widerstand aufgrund der hohen Streckung sehr niedrig ist.

Das Beispiel, der hintereinander angeordneten Flügel jedoch wiederum auf das Beispiel des Hubschraubers übertragen bedeutet, dass ein Schwebeflug nur für begrenzte Zeit möglich wäre, da die induzierten Strömungsverluste nach kurzer Zeit in das Unermessliche ansteigen würden.

Wie kann man es sich also erklären, dass Hubschrauber tatsächlich in der Lage sind, den Schwebeflug zu absolvieren?

Diese Erklärung kann man schon nach den Ausführungen des ersten Kapitels über die Entstehung einer Auftriebsströmung erahnen.

In solchen Modellvorstellungen darf der Einfluss von viskoser Reibung, immer in den Fällen nicht mehr vernachlässigt werden, in denen ansonsten unendlich große Geschwindigkeiten hervorgerufen würden!

Diese viskosen Reibungsverluste bremsen bildlich gesprochen die von einem Hubschrauber induzierte Strömung, weshalb diese im Schwebeflug nicht unermesslich anwächst.

Das Phänomen der Turbulenz, welches später noch ausführlicher behandelt wird, kann einen sehr verstärkenden Einfluss auf das Maß der viskosen Reibung haben, da turbulente Strömungsmuster hohe Geschwindigkeitsgradienten mit einhergehenden hohen viskosen Kräften hervorrufen.

Darüber hinaus wird durch die ständige Erzeugung von Energie zehrenden Wirbeln, ein von unten nach oben bestehendes die induzierte Strömung hemmendes Druckgefälle aufgebaut, aus denen diese Wirbel ihre Energie erhalten.

Auch wenn solche Phänomene den Schwebeflug eines Hubschraubers erst ermöglichen, so ist der für den Schwebeflug erforderliche energetische Aufwand dennoch sehr hoch im Vergleich zu dem nötigen geringeren Energieaufwand, eines sich mit konstanter Geschwindigkeit fortbewegenden Hubschraubers und dessen dann stark verminderten induzierten Widerstandes.

Diese Gesetzmäßigkeiten bewirken auch, dass die Fähigkeit von Hubschraubern in große Höhen und damit in dünne Luftschichten aufzusteigen zunimmt, wenn diese eine horizontale Geschwindigkeit besitzen.

In Bild 2.16 ist die Umströmung eines Hubschraubers im Schwebeflug skizziert.

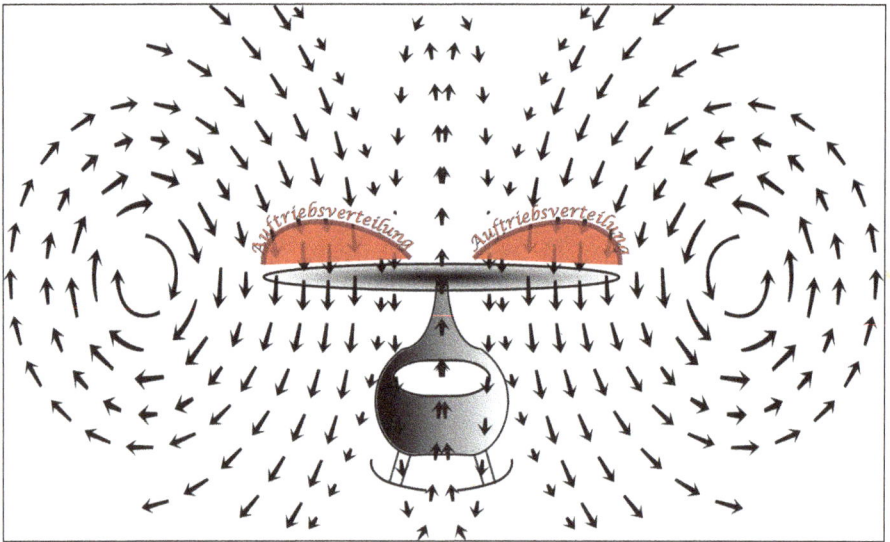

Abb. 2.16: Induzierter Widerstand beim Hubschrauber.

Der Bodeneffekt

Ob Drehflügler oder Starrflügler, der Anteil des induzierten Widerstandes verringert sich umso mehr, je tiefer diese sich über dem Boden befinden. Mit dem Begriff Bodeneffekt wird diese Eigenschaft einer Auftriebsströmung, die sich positiv auf den zur Aufrechterhaltung der Auftriebsströmung nötigen Energieaufwand auswirkt, bezeichnet.

Die Ursache für den energetischen Vorteil, den ein Auftriebskörper in Bodennähe erfährt, besteht einmal darin, dass räumlich gesehen einem großen Anteil des Gebietes um den Auftriebskörper keine Energie zugeführt werden muss, da es sich dabei um festen Boden handelt. Zum anderen bewirkt der Einfluss des Bodens auf die Strömung außerdem, dass die auftretenden Geschwindigkeiten, insbesondere deren vertikaler Anteil in dem Gebiet oberhalb des Bodens vermindert sind. Manchmal kann man in diesem Zusammenhang, wenn es um eine Veranschaulichung des Bodeneffektes geht, trefflich lesen, dass es sich dabei um eine Art Luftpolster handele.

Einen Einfluss auf das Maß des Bodeneffektes hat unter anderem die Fluggeschwindigkeit, da naturgemäß der Anteil des induzierten Widerstandes mit ihrem Anwachsen verringert wird und somit der positive Einfluss des Bodeneffektes dann abnimmt. Zum anderen spielt die Oberfläche des Bodens auch eine wichtige Rolle. Ein rauer Boden wirkt sich aufgrund seiner durch viskose Reibung hervorgerufenen, die induzierte Strömung bremsenden Eigenschaft, als den Effekt verstärkend aus.

Besitzt der Boden eine glatte Oberfläche, so ist es möglich, mit einfachen Annahmen eine vom Bodeneffekt beeinflusste Strömung zu finden.

Bei diesen Annahmen benutzt man wieder die Modellvorstellung, dass es sich bei der Strömung um eine stationäre inkompressible Potentialströmung handele.

Dass die Summe der Geschwindigkeitsfelder zweier Lösungen solch einer Strömung wieder eine mögliche Strömung darstellt, war bisher sehr hilfreich und ist es auch in diesem Fall. Man stelle sich hierzu zwei gleiche Auftriebskörper vor, die sich in geringem Abstand zueinander in der Art befinden, dass die Ausrichtung ihrer Auftriebskräfte sich um 180° unterscheidet (Bild 2.17).

Die sich ergebende Gesamtströmung wird demnach durch die Summe der einzelnen Geschwindigkeitsfelder repräsentiert.

Die Gesamtströmung weist eine Symmetrieebene auf, die sich zwischen den beiden Auftriebskörpern befindet.

Alle vertikalen Geschwindigkeitskomponenten der Strömung auf Punkten dieser Ebene verschwinden, was bedeutet, dass das identische Strömungsfeld existieren würde, wenn sich im Abstand eines einzelnen solchen Strömungskörpers eine ebene Fläche befände, die keine viskosen Reibungskräfte auf das Strömungsmedium ausübt. Diese Gesetzmäßigkeit kann man sich veranschaulichen, indem zunächst die Auftriebströmung ohne Bodeneffekt betrachtet wird. Im nächsten Gedankenschritt wird der Anteil der durch ein Geschwindigkeitsfeld dargestellten Strömung unterhalb einer den Boden repräsentierenden Fläche einfach nach oben gespiegelt!

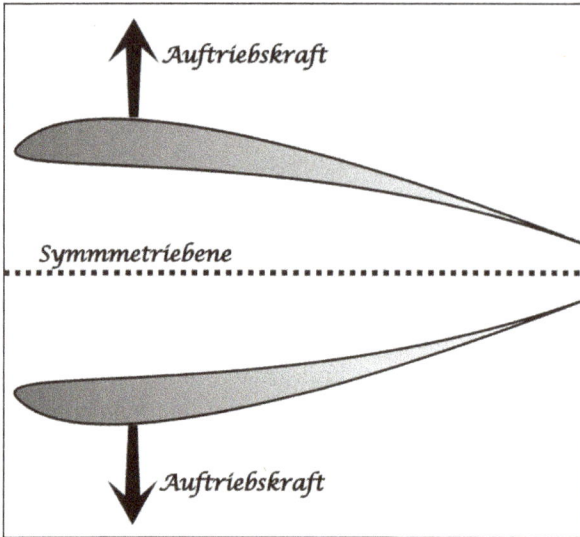

Abb. 2.17: Der Bodeneffekt.

Mit diesen Annahmen ist es folglich möglich im Falle einer genügend reibungs-
armen Oberfläche des Bodens (z.B Asphalt einer Startbahn), die zu erwartende vom
Bodeneffekt beeinflusste Strömung, *aus einer bekannten nicht vom Bodeneffekt beeinflussten Auftriebströmung herzuleiten* (Bild 2.18a–c).

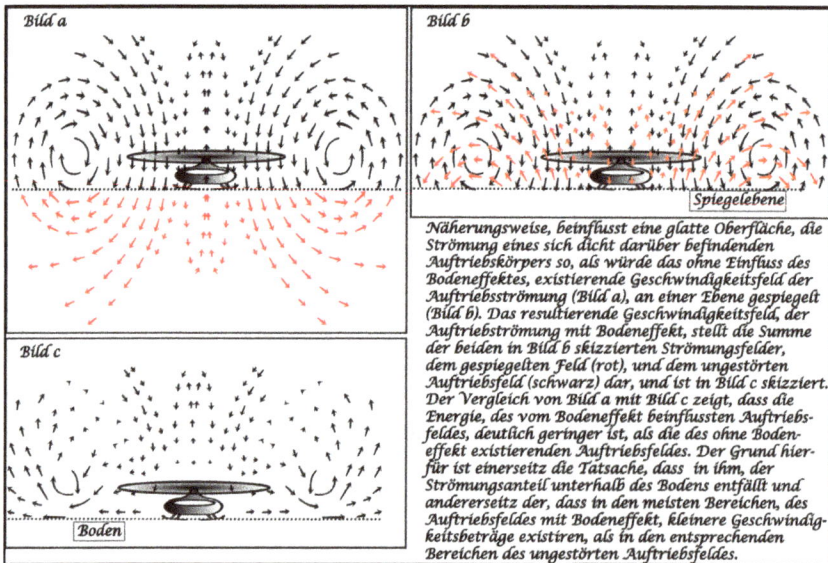

*Näherungsweise, beinflusst eine glatte Oberfläche, die
Strömung eines sich dicht darüber befindenden
Auftriebskörpers so, als würde das ohne Einfluss des
Bodeneffektes, existierende Geschwindigkeitsfeld der
Auftriebsströmung (Bild a), an einer Ebene gespiegelt
(Bild b). Das resultierende Geschwindigkeitsfeld, der
Auftriebströmung mit Bodeneffekt, stellt die Summe
der beiden in Bild b skizzierten Strömungsfelder,
dem gespiegelten Feld (rot), und dem ungestörten
Auftriebsfeld (schwarz) dar, und ist in Bild c skizziert.
Der Vergleich von Bild a mit Bild c zeigt, dass die
Energie, des vom Bodeneffekt beinflussten Auftriebs-
feldes, deutlich geringer ist, als die des ohne Boden-
effekt existierenden Auftriebsfeldes. Der Grund hier-
für ist einerseitz die Tatsache, dass in ihm, der
Strömungsanteil unterhalb des Bodens entfällt und
andererseitz der, dass in den meisten Bereichen, des
Auftriebsfeldes mit Bodeneffekt, kleinere Geschwindig-
keitsbeträge existiren, als in den entsprechenden
Bereichen des ungestörten Auftriebsfeldes.*

Abb. 2.18: Der Bodeneffekt beim Hubschrauber.

Maßnahmen zur Reduktion des induzierten Widerstandes, durch geeignete Formgebung der Tragflügelenden

Aufgrund von Vorgaben, die ein Flugzeugkonstrukteur bei der Entwicklung eines Flugzeuges einhalten muss, ist dieser gezwungen hinsichtlich der Erzielung eines niedrigen induzierten Widerstandes Kompromisse einzugehen. Die erforderlichen Zugeständnisse des Konstrukteurs betreffen die mit einem niedrigen induzierten Widerstand des zu entwerfenden Flügels verbundene Forderung, dass dieser eine hohe Streckung aufweist, verbunden mit einem elliptischen Grundriss.

Die den Konstrukteur einschränkenden Vorgaben resultieren beispielsweise aus am Boden begrenzten räumlichen Gegebenheiten, die Schwierigkeiten bei großen Spannweiten hervorrufen. Ebenfalls resultieren solche Vorgaben aus technisch und finanziell schwer zu überwindende Hürden, die in zu bewältigenden hohen, bei großer Streckung auftretenden Biegemomenten bestehen. Auch die Forderung an eine möglichst große Flexibilität des Flugzeuges, was das Spektrum der Fluggeschwindigkeit angeht, veranlasst beispielsweise Konstrukteure Abstriche bei dem induzierten Widerstand zu machen, wenn die unwirtschaftlichen Flugphasen mit niedriger Geschwindigkeit und damit verbundenem hohen induzierten Widerstand nur von kurzer Dauer sind (Militärjets).

Die Vorgabe einer Gesamtauftriebskraft, bei gleichzeitiger Vorgabe einer Spannweite kann dazu führen, dass der Konstrukteur gezwungen ist, bei der Wahl des Flügelgrundrisses weit von der elliptischen Form abzuweichen.

So ist denkbar, dass eine elliptische Form des Flügels bei der von den Vorgaben geforderten Gesamtauftriebskraft und der dafür erforderlichen Gesamtflügelfläche im Mittenbereich des Flügels enorme Ausmaße annimmt, die dem Konzept des Flugzeugentwurfes aus räumlichen und technischen Gründen im Wege steht.

Der Konstrukteur erreicht in solch einem Fall, durch eine von der Ellipse abweichenden Flügelform eine Erhöhung der Gesamtflügelfläche dadurch, dass sich der Flügelgrundriss durch eine Erhöhung der Flügelfläche im äußeren Bereich auszeichnet. Als Folge davon werden die Außenbereiche des Flügels unter Inkaufnahme eines erhöhten induzierten Widerstandes mehr Auftrieb leisten, sodass die Anforderung der aufzubringenden gesamten Auftriebskraft, bei relativ kleiner Flügelflächentiefe im Rumpfbereich, erfüllt werden kann.

Eine aerodynamisch nicht sinnvolle Möglichkeit trotz des nicht elliptischen Flügelgrundrisses eine elliptische Auftriebsverteilung zu erhalten, bestünde in einer starken Verwindung des Flügels, sodass dessen Anstellwinkel von innen nach außen stark abnehmen würde.

Zum einen bewirke dies, dass im Außenbereich des Flügels niedrige Auftriebswerte bestünden, sodass der Flügel hier unwirtschaftlich wäre, da er aufgrund der hohen Flächentiefe einen hohen Profilwiderstand hervorrufen würde. Zum Anderen wäre mit dieser Methode nicht mehr die Forderung nach der Gesamtauftriebskraft zu erfüllen, da diese Forderung ja gerade der Grund war, von der elliptischen Auftriebsverteilung abzuweichen, um im Außenbereich der Flügel zusätzlichen Auftrieb zu erzeugen.

Eine sich hierbei aufdrängende Frage ist es, inwieweit die Möglichkeit besteht, bei solchen Vorgaben einer stark von der Ellipse abweichenden Flügelform und der Forderung nach einer einzuhaltenden Auftriebskraft Maßnahmen zu ergreifen, die dennoch dazu führen, dass die Auftriebsverteilung sich der einer elliptischen Auftriebsverteilung nähert.

Die Traglinientheorie, die bei Flügeln mit relativ großer Flächentiefe zunehmend mit dem Anwachsen der Flächentiefe an Aussagekraft verliert, kann hierauf auch in der modifizierten Panelmethode [2] nur begrenzt befriedigende Antworten liefern.

In der Luftfahrt ist das Interesse an dieser Fragestellung groß, weshalb sich dort die Forschung mit dem Thema beschäftigt, wobei Ansätze mit Teillösungen existieren.

An dieser Stelle können zu diesem speziellen Thema nur ein paar grundlegende Gedanken im Hinblick auf mögliche Lösungsansätze zur beschriebenen Problematik aufgezeigt werden.

Betrachtet man die Strömung hinter einem Tragflügel mit elliptischer Auftriebsverteilung, so besitzt diese im Bereich der Flügelebene und im Bereich innerhalb der Flügelspannweite eine konstante Abwindgeschwindigkeit!

Im Fall einer nicht elliptischen Auftriebsverteilung ist der Abwind in diesem Bereich nicht konstant, weshalb es grundsätzlich möglich sein sollte durch geeignete Maßnahmen, wie z. B. der Einbringung von die Strömung an diesen Stellen beeinflussenden Strömungskörpern, diese Geschwindigkeitsunterschiede der Abwindströmung aufzuheben, oder in der Praxis zumindest abzuschwächen.

Durch das Angleichen der Abwindgeschwindigkeit wird der Strömung Energie entzogen. Diese Energie kann prinzipiell durch eine an den erwähnten Strömungskörpern hervorgerufene in Flugrichtung wirkende Kraft genutzt werden.

Die in Flugrichtung wirkende Kraft vermindert auf diese Weise die induzierte Widerstandskraft, die der Flugrichtung entgegengerichtet ist. Allerdings kann der induzierte Widerstand hierbei nicht kleiner werden als der theoretisch entstehende induzierte Widerstand einer elliptischen Auftriebsverteilung bei der vorgegebenen Spannweite und Gesamtauftriebskraft.

Das Ergebnis eines solchen Vorgehens bestünde also darin, ohne Beeinflussung der Gesamtauftriebskraft eine Reduktion des induzierten Widerstandes zu bewirken!

Offenbar gibt es in der Natur Beispiele dafür, wie eine solche Art der Reduktion des induzierten Widerstandes realisiert werden kann!

In der ingenieurwissenschaftlichen Disziplin „Bionik", die sich mit der technischen Nutzbarmachung von Beobachtungen in der Natur beschäftigt, konnte nachgewiesen werden, dass die aufgefächerten Randfedern (Handschwingen) die man bei Raubvögeln, Geiern, Störchen und anderen Vogelarten findet, eine derartige Reduktion des induzierten Widerstandes bewirkt [9].

Die Konstruktionsvorgaben der Evolution, des Konstruktionsplaners der Natur, sind unvergleichbar komplexer als die eines Flugzeugkonstrukteurs!

Aus diesem Grund muss in der Bionik genau hingeschaut werden, um die richtigen Schlussfolgerungen zu ziehen. So sind mit dem Auffächern der Flügelränder neben der Reduktion des induzierten Widerstandes, auch andere den Vogel betreffende strömungstechnische Überlebensvorteile verbunden.

Bei Seevögeln ist die Auffächerung der Flügel nicht verbreitet.

Insbesondere bei den besten Gleitfliegern, den Albatrossen, weisen die Flügel einen ellipsenähnlichen Grundriss mit einer hohen Streckung auf.

Aufgrund solcher Beobachtungen liegt es nahe anzunehmen, dass das Konzept des ellipsenförmigen Flügels hoher Streckung bei einer weniger in das Gewicht fallenden Forderung der äußeren Umstände an eine begrenzte Spannweite, im Vergleich zu einem aufgefächerten Flügel als bessere Lösung im Hinblick auf eine Verringerung des induzierten Widerstandes anzusehen ist.

Die Art und Weise wie in [9] vorgegangen wurde, um den Nachweis einer Verringerung des induzierten Widerstandes eines am Rande aufgefächerten Modellflügels zu erbringen, geschah mit einer der Evolution abgeschauten Variante von „Try and Error".

Um aus den vielen verschiedenen Möglichkeiten der Ausrichtung der Modellflügel, der jeweils eine Handschwingenfeder repräsentierenden, in der Strömung schnell die günstigste Konstellation zu erhalten, baute man aus den erfolgreicheren immer mehrere Modelle (in der Natur bekommen erfolgreiche Eltern meistens mehr Kinder, als erfolglose), die untereinander wiederum verschiedene Konstellationen der Flügelfächerausrichtung aufwiesen.

Bei der Modellierung der aufgefächerten Flügelenden nach dem Vorbild der Natur fällt auf, dass die Randfedern nicht nur verschiedene Anstellwinkel besitzen, sondern dass diese auch teilweise nach oben gebogen sind (Bild 2.19).

Dieser Umstand führt zu einem neuen Gedanken.

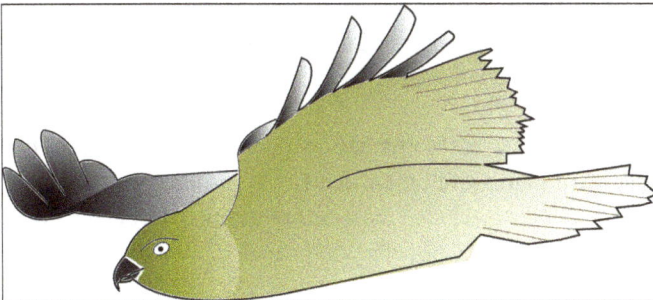

Abb. 2.19: Verminderung des induzierten Widerstandes in der Natur.

Der Gedanke hierbei ist, die Geometrie des Auftriebskörpers nicht nur in einer Ebene zu gestalten!

Naheliegende Beispiele hierfür stellen Mehrfachdecker dar, die sich durch eine Anordnung von vertikal gestaffelten Flügeln auszeichnen.

Um die Verhältnisse bei Mehrfachdeckern transparenter erscheinen zu lassen, lohnt es sich zwei Extreme zu betrachten.

Das eine Extrem besteht in einer sehr nahen Anordnung der Flügel zueinander, die dazu führt, dass der induzierte Widerstand sich so verhält, als handele es sich bei den Flügeln um einen einzelnen Flügel, dessen Gesamtfläche der Summe aller Einzelflügel entspricht. Eine solche Anordnung würde somit keinen Vorteil gegenüber einem konventionellen elliptischen Flügel versprechen.

Das andere Extrem zeichnet sich durch einer sehr weit voneinander entfernter Anordnung der Flügel aus, bei der nur eine vernachlässigbar kleine gegenseitige Beeinflussung der Flügel untereinander bestünde.

Am Beispiel eines Doppeldeckers wird für den zweiten Extremfall eine einfache Abschätzung des den induzierten Widerstand betreffenden Nutzens, einer solchen in der Praxis schwer zu verwirklichen Flügelkonstellation erfolgen.

Nach der Traglinientheorie errechnet sich der auf die Flügelfläche beziehende induzierte Widerstand $C_{w(einzel)}$ eines Einfachdeckerflügels, dessen Fläche in diesem Beispiel der Summe der Fläche der Einzelflügel des Doppeldeckers entsprechen soll, zu $C_{w(einzel)} \times \frac{C_a}{\Lambda}$.

Da sich bei dem Doppeldecker an der Gesamtauftriebskraft nichts ändert, sind auch die C_a Werte an seinen beiden Flügeln die gleichen. Allein die Streckung hat sich bei den Doppeldeckerflügeln aufgrund der pro Flügel halbierten Flügelfläche verdoppelt.

Der induzierte Widerstand eines Doppeldeckerflügels hat sich damit ebenfalls gegenüber dem des Eindeckerflügels halbiert. Das heißt aber, dass die insgesamt angreifende Kraft des induzierten Widerstandes bei dem Doppeldecker die gleiche ist wie bei dem Eindecker, da sie sich aus der Summe der beiden an jedem Flügel des Doppeldeckers angreifenden induzierten Widerstandskräfte zusammensetzt!

Somit stellt die zweite Konstellation der übereinander angeordneten Flügel ebenfalls wie die erste Konstellation keinen Vorteil gegenüber einem konventionellen elliptischen Flügel dar!

Greift man jedoch die am Beginn dieses Themas erörterte Problematik bei Flugzeugkonstruktionen auf, so wird man sich in manchen Fällen für einen Doppel- oder Mehrfachdecker entscheiden, da die einzelnen Flügel dann schlanker gestaltet werden können, und darüber hinaus nichts mehr dagegen spricht einen ellipsenähnlichen Flügelgrundriss zu wählen, da genügend Flügelfläche vorhanden ist.

Des Weiteren ist auch das Problem mit großen Biegemomenten bei Mehrfachdeckern, wenn diese verspannt sind, aus statischen Gründen weniger problematisch als bei Eindeckern.

Eine weitere sich in diesem Zusammenhang aufdrängende Idee ist es, die Flügel eines Mehrfachdeckers an den Rändern durch eine Wand miteinander zu verbinden.

Müsste es nicht dadurch möglich sein, den induzierten Widerstand enorm zu minimieren?

Die induzierte Strömung um die einzelnen Flügel würde sich damit nahezu vollständig verhindern lassen, weshalb nur noch eine induzierte Umströmung des gesamten Mehrfachdeckers existieren würde, die mit wachsendem Flügelabstand beliebig abnähme!

Bei solchen Überlegungen darf man allerdings nicht übersehen, welche Nachteile mit einer derartigen Konstruktion verbunden sind!

Die Verbindungselemente der Mehrfachdeckerflügel müssen als Strömungskörper ausgebildet sein, die in der Lage sind dynamische horizontal ausgerichtete Kräfte hervorzurufen!

In Bild 2.20 sind die zu erwartenden, auf diese vertikal ausgerichteten Auftriebskörper wirkenden Kräfte skizziert.

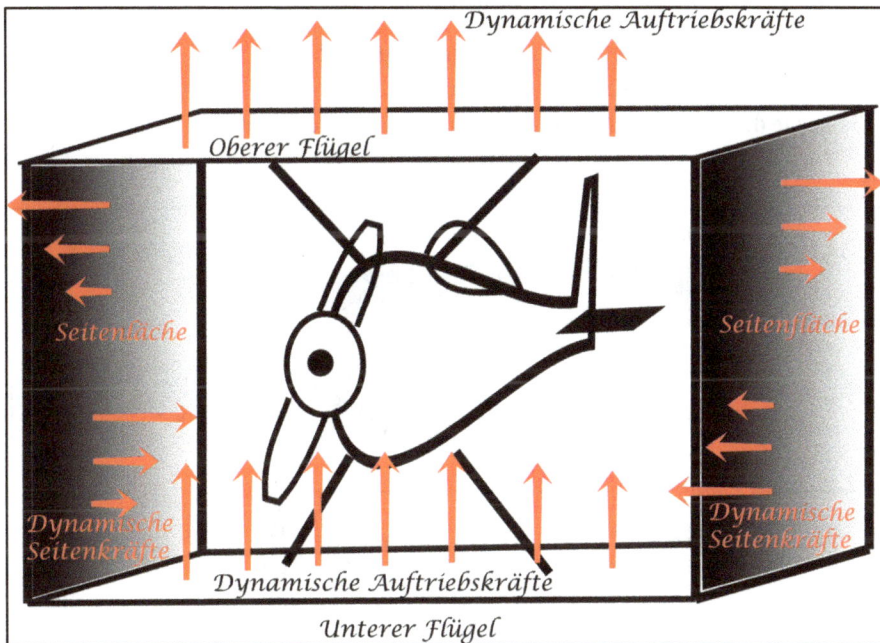

Abb. 2.20: Der Doppeldecker.

Mit dynamischen Kräften sind in der Praxis (keine reine Potentialströmung) immer an den betreffenden Strömungskörpern hervorgerufene Profilwiderstände verbunden, deren Stärke mit den an ihnen hervorgerufenen dynamischen Kräften wächst.

Somit werden bei einer derartigen Konstruktion an den vertikalen Strömungskörpern Kräfte hervorgerufen, die den Gesamtströmungswiderstand vergrößern!

Des Weiteren ist zu bedenken, dass diese Strömungskörper keinen Beitrag zur Auftriebskraft liefern!

Ein Thema bei dem das Für und Wider von vertikal ausgerichteten Auftriebskörper eine wesentliche Rolle spielt, ist das Thema Winglets.

Winglets

Der letzte hier angeführte Punkt dieses Abschnittes beschäftigt sich mit den sogenannten Winglets (an den Flügelenden senkrecht oder schräg angebrachte kleine Flächenelemente), die man mittlerweile an vielen Flugzeugflügeln, aber auch Windkraftflügeln sehen kann.

Die Idee derartige Manipulationen an einem Flügelende vorzunehmen, entstammt der Beobachtung der erwähnten Vögel, deren Handschwingen teilweise nach oben gebogen sind!

Die Vielfalt der anzutreffenden Formen ist dabei sehr groß.

An dieser Stelle wird ein Beispiel betrachtet, bei dem der Flügelgrundriss mit dem in die Ebene der Fläche geklappten Winglet eine Ellipse darstellt (Bild 2.21).

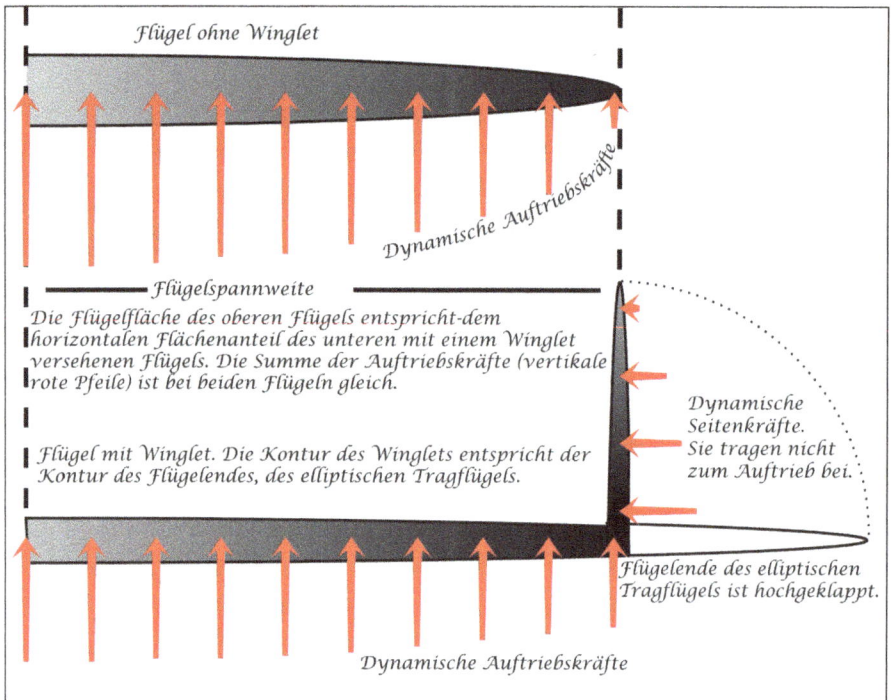

Abb. 2.21: Die Dimensionierung von Winglets.

Dieser Flügel wird im Hinblick auf die Möglichkeit betrachtet, den induzierten Widerstand gegenüber einem Flügel ohne Winglets zu verringern.

Die Vorgaben für beide zu vergleichenden Flügel bestehen zum einen in der bei beiden Flügeln gleich großen horizontalen Flügelflächen und einer bei beiden Flügeln geforderten gleich großen Gesamtauftriebskraft.

Mithilfe der Traglinientheorie kann mit einer relativ einfachen Beispielrechnung abgeschätzt werden, inwieweit man sich Vorteile im Hinblick auf eine Verringerung des induzierten Widerstandes bei dem Flügel mit Winglet, gegenüber dem Flügel ohne Winglet erhoffen kann.

Da der Gesamtauftriebswert bei beiden Flügeln der gleiche ist, sind auch die C_a-Werte beider Flügel die gleichen.

Was die Berechnung des induzierten Widerstandes anbelangt, wird dieser bei dem Flügel mit Winglet so berechnet, als sei das Winglet in die Flügelebene geklappt. Somit wäre der induzierte Widerstandsbeiwert des Flügels mit Winglet $C_{wi\ winglet}$ nach der Traglinientheorie um den Faktor kleiner als der induzierte Widerstandsbeiwert C_{wi} des Flügels ohne Winglet, der dem Verhältnis der Streckung vom Flügel mit Winglet zum Flügel ohne Winglet entspricht.

Bei dieser Rechnung darf aber nicht vergessen werden, dass die Widerstandsbeiwerte sich auf die Flügelfläche beziehen. Letztlich ist daher für diese Beispielrechnung die Kenntnis darüber entscheidend, wie sich das Verhältnis der tatsächlichen induzierten Widerstandskräfte $F_{wi\ winglet}$ und F_{wi} beider Flügel zueinander verhalten. Um den für die hier angestellte Abschätzung relevanten Quotienten aus diesen beiden Kräften zu erhalten, ist es erforderlich den Quotienten $\frac{C_{wi\ winglet}}{C_{wi}}$, mit dem Quotienten, bestehend aus dem Verhältnis der Summe der Fläche $A_{winglet}$ des Winglets und der Fläche A des Flügels ohne Winglet, zu betrachten. Hieraus erhält man für den gesuchten Ausdruck (2.13):

$$\frac{F_{wi\ winglet}}{F_{wi}} = \frac{(A + A_{winglet}) * C_{wi\ winglet}}{A * C_{wi}}. \tag{2.13}$$

Die Widerstandsbeiwerte ergeben sich aus der Spannweite S des Flügels ohne Winglet, der Streckung $\Lambda = \frac{S^2}{A}$ des Flügels ohne Winglet, der Spannweite $(S + S_{winglet})$, (bei $S_{winglet}$ handelt es sich um die Spannweite des angeklappten Winglets) des Flügels mit Winglet und Streckung die $\Lambda_{winglet} = \frac{(S+S_{winglet})^2}{A+A_{winglet}}$ des Flügels mit Winglet zu:

$$C_{wi} = \frac{C_a^2 * A}{\pi S^2}$$

und

$$C_{wi\ winglet} = \frac{C_a^2 * (A + A_{winglet})}{\pi * (S + S_{winglet})^2}.$$

Setzt man diese Ausdrücke in (2.13) ein, so erhält man (2.14):

$$\boxed{\frac{F_{wi\,\text{winglet}}}{F_{wi}} = \frac{S^2(A + A_{\text{winglet}})^2}{A^2(S + S_{\text{winglet}})^2}.}$$

(2.14)

Mit dieser Formel gelingt es jetzt abzuschätzen, inwieweit ein Winglet der hier betrachteten Art, die Erwartung einer Verringerung des induzierten Widerstandes erfüllen kann.

Es lohnt sich dabei, wieder einmal zwei Extreme zu betrachten. Einmal wird betrachtet, wie der induzierte Widerstand sich mit einer Variation des Winglets ändert, wenn das Winglet extrem klein ist, und zum anderen wird der Einfluss einer Änderung der Größe des Winglets auf den induzierten Widerstand für den Fall betrachtet, dass das Winglet extrem groß ist. Hierbei ist es zweckmäßig die Ausdrücke für die Fläche in der obigen Formel durch ein Produkt aus einer gemittelten Flächentiefe T_m, der Flügelfläche im Bereich der Spannweite S und einer gemittelten Flächentiefe $T_{m\,\text{winglet}}$ des Winglets zu ersetzen.

Somit erhält man für A den Ausdruck $A = S * T_m$ und für A_{winglet} den Ausdruck $A_{\text{winglet}} = S_{\text{winglet}} * T_{m\,\text{winglet}}$. Setzt man diese Ausdrücke in (2.14) ein, so erhält man (2.15):

$$\frac{F_{wi\,\text{winglet}}}{F_{wi}} = \frac{(S * T_m + S_{\text{winglet}}T_{m\,\text{winglet}})^2}{T_m^2(S + S_{\text{winglet}})^2}.$$

(2.15)

Im ersten Fall der Betrachtung ist die gemittelte Flächentiefe des Winglets derart klein, dass der Ausdruck in der rechten oberen Klammer für $T_{m\,\text{winglet}} \ll T_m$ vernachlässigt werden kann. Hieraus folgt dann der Ausdruck (2.16):

$$\frac{F_{wi\,\text{winglet}}}{F_{wi}} = \frac{S^2}{(S + S_{\text{winglet}})^2}.$$

(2.16)

Aus dieser Relation zieht man folgende Schlussfolgerung.

Ein Winglet bewirkt, solange es zumindest klein gehalten ist, die gleiche Verringerung des induzierten Widerstandes, wie es eine Erhöhung der Streckung durch eine Spannweitenvergrößerung ohne Winglet, bei gleich bleibendem C_a-Wert bewirken würde!

Diese ein extrem kleines Winglet betreffende Aussage muss allerdings hinsichtlich der Betrachtung des gesamten Tragflügelwiderstandes relativiert werden, sobald seine Ausmaße nicht mehr sehr klein sind, denn der Profilwiderstand wächst mit der Größe des Winglets an!

Dass dieser nicht erwünschte Zusammenhang von erhöhtem Profilwiderstand und Winglet besteht, liegt daran, dass an dem Anteil des vertikalen Flügels (des Winglets), eine dynamische horizontal zum Flügelmittelpunkt ausgerichtete Kraft hervorgerufen wird, die wiederum einen Profilwiderstand erzeugt (vergleiche horizontale Kräfte an den Seitenflächen des Doppeldeckers in Bild 2.20). In grober Näherung, kann der Profilwiderstand bei einem unveränderten C_a-Wert als proportional zur gesamten an einem Flügel hervorgerufenen Summe der dynamischen Kraftbeträge abgeschätzt werden. Um dies an einem Beispiel zu zeigen, stelle man sich vor, dass nach dieser Abschätzung ein Flügel der 10 Newton Auftriebskraft erzeugt, den doppelten Profilwiderstand besitzt wie ein Flügel, der bei gleichem C_a-Wert 5 Newton Auftriebskraft erzeugt.

(Die Grenzen der Genauigkeit solcher Art von Abschätzungen, wird im Kapitel „Dimensionslose Kennzahlen" behandelt.)

Der Profilwiderstand korrespondiert bei einem Flügel mit Winglet also nicht nur mit der Summe aller an dem Flügel vertikal hervorgerufenen Kraftbeträge, sondern auch mit der Summe der horizontalen Kraftbeträge, die grob geschätzt proportional von der Größe des Winglets abhängen.

Eine einfache Abschätzung der Abhängigkeit des Profilwiderstandes $C_{w\,profil}$ von der Spannweite, erhält man demzufolge durch den Ausdruck $C_{w\,profil} \approx S_{winglet} * T_{m\,winglet}$. Um zu wissen wie sich der Profilwiderstand pro Spannweitenänderung vergrößert, bildet man die Ableitung dieses Ausdruckes nach der Spannweite $\frac{dC_{w\,profil}}{dS_{winglet}} \approx T_{m\,winglet}$, der für kleine Winglets, wegen der dann infinitesimal kleinen Flügeltiefe $T_{m\,wingle}$ gegen Null geht und somit zeigt, dass auch bei Berücksichtigung des Profilwiderstandes eine identische Reduktion des Gesamtströmungswiderstandes für sehr kleine Winglets gegeben ist, wie sie bei einer Spannweitenvergrößerung ohne Winglet, bei gleichbleibendem C_a-Wert erfolgt!

Dieser Zusammenhang zeigt aber auch, dass die Änderung des Profilwiderstandes pro Spannweitenvergrößerung mit der Größe des Winglets zunimmt!

Die Betrachtung des anderen Extrems, eines sehr großen Winglets, bei dem sich einerseits die Zunahme des Profilwiderstandes zunehmend proportional zur Gesamtspannweite verhält, zeigt, dass auch in dem Spielraum zwischen diesen beiden Extremen die Bäume was den induzierten Widerstand betrifft, nicht in den Himmel wachsen!

Ist die Gesamtlänge des Flügels mit Winglet sehr viel größer als die des Flügels ohne Winglet, so ähnelt dessen Grundriss im Bereich seiner horizontalen Fläche einem Rechteck.

Die Flächentiefe $T_{winglet}$ des Flügels mit Winglet, wird sich aufgrund der Forderung nach gleich großen horizontalen Flächen beider Flügel und wegen seines horizontalen, einem Rechteck ähnelnden Grundrisses, der mittleren Flächentiefe T_m des Flügels ohne Winglet annähern.

Da die Fläche eines Ellipsenflügels sich aus dem Produkt des Faktors $\pi/4$, der Flächentiefe in Flügelmitte und der Spannweite ergibt, wird sich $T_{m\,winglet}$ somit dem Wert $\pi/4 T_m$ annähern, was zur Folge hat, dass der Ausdruck (2.15) nicht kontinuierlich mit einem größer werdenden Winglet kleiner wird, da auch dieser Ausdruck einem Grenzwert entgegenstrebt. Das bedeutet, dass die Abnahme des induzierten Widerstandes mit zunehmender Größe des Winglets gegen Null geht, wobei das Verhältnis

$$\frac{F_{wi \text{ winglet}}}{F_{wi}} = \frac{(S * T_m + S_{\text{winglet}}\pi/4T_m)^2}{T_m^2(S + S_{\text{winglet}})^2} = \frac{T^2(S + \pi/4S_{\text{winglet}})^2}{T^2(S + S_{\text{winglet}})^2}$$

für $S_{\text{winglet}} \gg S$ gegen den Grenzwert $(\pi/4)^2$ strebt.

Zusammenfassend wird durch diese Beispielrechnung somit deutlich, dass *mit zunehmender Wingletgröße der den induzierten Widerstand reduzierende Einfluss abnimmt, während der Profilwiderstand zunimmt.*

Auch zu bedenken ist, dass bei der Dimensionierung eines Winglets dessen Einfluss immer auch mit einer unerwünschten Erhöhung des Flügelbiegemomentes verbunden ist.

3 Ähnlichkeitstheorie

In den bisherigen Ausführungen wurden an der realen Komplexität von Strömungen gemessen, einfache Modelle betrachtet, um wesentliche Merkmale einer Auftriebsströmung darzustellen. Im Nachfolgenden soll nun aufgezeigt werden, welche Einflüsse in einer realen Strömung ein Abweichen deren Verhaltens von diesen Modellvorstellungen herbeiführen.

Ein ganz elementares und für jede Flugzeugbesatzung gefährliches Abweichen einer realen Strömung von den einfachen Strömungsmodellen lehrt die Erfahrung, dass Flugzeuge nicht beliebig langsam fliegen können. Nicht umsonst gibt es den in der Fliegerei oft zitierten Spruch „Geschwindigkeit ist das halbe Leben". Gefürchtet ist der sogenannte Strömungsabriss (Verringerung der Auftriebskraft, aufgrund turbulenter Störungen), der gewöhnlich bei Anstellwinkeln in der Größenordnung von 10° bis 15° einsetzen kann, und dessen negative Auswirkungen sich mit zunehmenden Anstellwinkeln verstärken.

Um die einmal mit Mühe gewonnenen Erfahrungen und Messergebnisse von bekannten Strömungen auf andere Strömungen zu übertragen, sucht man Kennzahlen, anhand derer man sich erhofft Vorhersagen über das Verhalten dieser noch unbekannten Strömungen machen zu können.

Um die Flugeigenschaften eines Flugzeuges grob abzuschätzen, wird oftmals als Kennzahl der einfach zu ermittelnde Wert der Flächenbelastung benutzt. Dieser Wert ist definiert, als der Quotient aus Fluggewicht und der Summe aus Tragflügelfläche und Höhenleitwerksfläche. Wird das Gewicht eines Flugzeuges (Auftriebskörpers) erhöht oder verringert, so ist man bestrebt abzuschätzen, inwieweit sich die Geschwindigkeit des Flugzeuges dann ändern muss, damit eine noch sichere und effiziente Auftriebsströmung gewährleistet ist.

Die Kennzahl der Flächenbelastung kann hierzu eingeschränkt und nur in den Fällen, in denen gleiche Flugzeugtypen oder allgemeiner ausgedrückt, bei dem Vergleich von Strömungskörpern gleicher Ausmaße und Form, befriedigende Hinweise geben. Die Einschränkungen bei dieser Abschätzung bestehen unter anderem darin, dass die Geschwindigkeitsdifferenzen der zu vergleichenden Flugobjekte nicht allzu hoch sein dürfen.

Um die Abhängigkeit des zu erwartenden Geschwindigkeitsbereiches von der Flächenbelastung herzustellen, bei dem noch kein Strömungsabriss stattfindet, geht man gewöhnlich von zwei in Kapitel „Dynamischer Auftrieb" (analytisch ermittelte Größen einer Auftriebsströmung) beschriebenen einfachen Modellvorstellungen aus, nach denen einerseits bei konstantem Anstellwinkel, also z. B. einem Anstellwinkel bei dem noch ein sicheres Fliegen ohne Strömungsabriss möglich ist, ein strenger Zusammenhang von Auftriebskraft zum Quadrat der Fluggeschwindigkeit besteht und andererseits der Anstellwinkel sich proportional zur Auftriebskraft und umgekehrt proportional zur Flügelfläche ändert, aus.

https://doi.org/10.1515/9783111336282-003

Hieraus schlussfolgert man schließlich, dass bei gleichem Verhältnis von der das Gewicht des Auftriebskörpers kompensierenden Auftriebskraft und der Fläche des Auftriebskörpers (Tragflügels), ein gleicher Anstellwinkel bestehe. Hat man z. B. ermittelt, dass ein Flugzeug von einer Tonne Gewicht noch bei einer Geschwindigkeit von 100 Kilometern pro Stunde sicher fliegt, so wird ein viermal leichteres Flugzeug demnach noch bei der Hälfte dieser Geschwindigkeit, also bei 50 Kilometern pro Stunde sicher fliegen, da in beiden Fällen basierend auf diesen Annahmen, von einem gleichen Anstellwinkel ausgegangen wird.

Eine systematische Vorgehensweise um wesentlich genauere Aussagen über die Vergleichbarkeit von Strömungen um geometrisch ähnliche Strömungskörper zu treffen, wird in der Ähnlichkeitstheorie verfolgt. Mit geometrisch ähnlichen Körpern werden alle die Körper bezeichnet, die durch gleiche prozentuale Änderungen aller ihrer linearen Abmessungen, ineinander überführt werden können.

Eine Modelleisenbahn ist z. B. ein geometrisch ähnlicher Körper zur Originaleisenbahn.

Die jetzt folgenden Erläuterungen erscheinen manchem vielleicht zunächst verwirrend.

Es lohnt sich aber die Dinge auf sich einwirken zu lassen, um schließlich die Bedeutung des mächtigen Instrumentes der Ähnlichkeitstheorie zu verinnerlichen!

Gerade der häufig nicht korrekte Umgang mit dimensionslosen Kennzahlen, wie z. B. Auftriebsbeiwerten (C_a-Werten) oder Widerstandsbeiwerten (C_w-Werten), also Begriffen, die aus der Ähnlichkeitstheorie stammen, macht deutlich, dass hier ein Verständnis des Wesens dieser mathematischen Konstrukte nützlich ist.

Das Ziel der hiesigen Ausführungen ist es, dieses Wesen am Beispiel der Strömungsphysik zu erkennen.

Das bedeutende Stichwort der Ähnlichkeitstheorie, „dimensionslose Kennzahl" ist oben schon erwähnt worden.

Bei der Beschreibung eines physikalischen Zusammenhangs spielt es prinzipiell keine Rolle, ob bei den dazu nötigen Größen wie beispielsweise einer Längenangabe, diese in Centimetern, Kilometern oder Zoll angegeben wird. Daran ändert sich auch nichts, wenn ganz unbekannte Maßstäbe eingeführt werden.

Genau Letzteres geschieht in der Ähnlichkeitstheorie!

Man sucht nicht mehr den Zusammenhang der dimensionsbehafteten Größen wie Ortsangaben $\mathbf{x}$ in Metern, Geschwindigkeitsangaben $\mathbf{v}(\mathbf{x})$ in Metern pro Sekunde, Druckangaben P in Kraft pro Fläche, sondern die Verhältnisse dieser Größen, zu den das Strömungssystem bestimmenden Parameter oder deren Produkten in der Weise, dass diese Verhältnisse *dimensionslos sind*. Beispielsweise sind die das Strömungssystem bestimmenden Parameter der in dem Kapitel „Dynamischer Auftrieb" erörterten newtonschen Flüssigkeit, die Dichte ρ, die kinematische Viskosität ν, hinsichtlich von Längenangaben z. B. die Länge L des Strömungskörpers, hinsichtlich der Geschwindigkeitsgrößen z. B. der Betrag der von der Umströmung nicht beeinflussten Anströmgeschwindigkeit v_∞ in großer Entfernung und einem ebenfalls in genügend

großer Entfernung von der Umströmung des Strömungskörpers unbeeinflussten Druckwert P_0. Man stellt in dieser verallgemeinernden Denkweise z. B. nicht mehr die Frage,
welche Strömungseigenschaft an der dimensionsbehafteten (Metern Centimetern, usw.)
Stelle x besteht, sondern die Frage, welche Strömungseigenschaft an der durch den
Quotienten aus der Stelle x und der Länge L des Strömungskörpers gebildeten dimensionslosen Größe x/L besteht. Als weiteres Beispiel für diese Herangehensweise fragt
man nicht danach, wo in der Strömung welche Geschwindigkeit existiert, sondern wo
in der Strömung der dimensionslose Quotient aus der Strömungsgeschwindigkeit $\mathbf{v}$ und
der Anströmgeschwindigkeit v_∞ welchen Wert besitzt. Das Produkt aus Dichte ρ und
dem Quadrat der Geschwindigkeit v_∞ entspricht der Dimension des Druckes und kann
deshalb anstelle des ungestörten Druckwertes P_0 verwendet werden. Die Strömung
wird somit anstatt mit der Angabe von Druckwerten, in der neuen Herangehensweise
durch die Angabe des dimensionslosen Quotienten aus dem Druck P und dem Produkt
ρv_∞^2 beschrieben.

Für die neuen durch einen Strich gekennzeichneten dimensionslosen Größen erhält
man folglich den in den Gleichungen (3.1) dargestellten Zusammenhang:

$$x' = \frac{x}{L}; \quad v' = \frac{v}{v_\infty}; \quad P' = \frac{P}{\rho v_\infty^2}. \tag{3.1}$$

Anstatt nach einem Zusammenhang der Größen, $\mathbf{x}$, $\mathbf{v}$, P, ρ, v_∞, ν zu suchen, was
mathematisch ausgedrückt bedeutet, eine Funktion $f_{\text{Dimension}}$ zu suchen, die die Gesetzmäßigkeit der Strömung durch $f_{\text{Dimension}}(\mathbf{x}, \mathbf{v}, P, \rho, v_\infty, \nu) = 0$ beschreibt, sucht man jetzt
den Zusammenhang, der Größen $\mathbf{x}'$, $\mathbf{v}'$, P', ν, v_∞, L, ausgedrückt durch die Funktion
$f_{\text{Dimensionslos}}(\mathbf{x}', \mathbf{v}', P', \rho, \nu, v_\infty, L) = 0$.

Jetzt kann man sich fragen, wozu dieser ganze Umformungsaufwand betrieben
wird?

An dem Wesen und an der Schwierigkeit der zu suchenden Lösung ändert sich dadurch nichts!

Die Beantwortung dieser Frage ist Gegenstand des nächsten Kapitels.

Dimensionslose Kennzahlen

Da das Ergebnis der die Strömung beschreibenden nach $\mathbf{x}'$, $\mathbf{v}'$, oder P' aufgelösten Funktion nur eine dimensionslose Größe, also eine Zahl sein kann, bedeutet dies, dass die
Parameter (ρ, ν, v_∞, L) innerhalb der Funktion $f_{\text{Dimensionslos}}(\mathbf{x}', \mathbf{v}', P', \rho, \nu, v_\infty, L) = 0$, *nur
in Form von Produkten vorkommen, die dimensionslos sind*, da andernfalls die Lösungen
für die nach $\mathbf{x}'$, $\mathbf{v}'$, oder P' aufgelösten Größen, dimensionsbehaftet wären.

Hier ist man nun an dem Punkt angelangt zu erkennen, was das Wesen der Ähnlichkeitstheorie ausmacht!

Um verschiedene Strömungen miteinander vergleichen zu können, muss nur der Tatbestand erfüllt sein, dass die dimensionslosen Produkte der strömungsbestimmenden Parameter, die gleichen Größen besitzen.

Ist dies erfüllt, so ist der gesuchte Zusammenhang der Größen $\mathbf{x}'$, v', P', voneinander immer der gleiche, was nichts anderes heißt, als dass alle Strömungen, die dieses Kriterium erfüllen, vergleichbar sind!

Der Zusammenhang der dimensionsbehafteten realen Größen kann schließlich leicht, über die in den Gleichungen (3.1) bestehenden Relationen bestimmt werden.

Es ist mit dieser Methode schließlich möglich, *Strömungen zu vergleichen*, deren Dichten, völlig verschieden sind oder deren Viskositätswerte sich unterscheiden, weshalb z. B. Erkenntnisse von Strömungsexperimenten in Wasser, mithilfe der Ähnlichkeitstheorie auf Experimente in Luft übertragen werden können, was vorteilhaft sein kann, da die Ausmaße der Strömungskörper im Wasserexperiment aus praktischen Gründen sehr viel kleiner gestaltet werden können, als in der Luft.

Um die dimensionslosen Produkte der strömungsbestimmenden Parameter zu finden, kann man sie entweder durch sukzessives Probieren aller möglichen Produktkombinationen aufsuchen, oder diese mithilfe des die Problematik mathematisch tiefer gehend beschreibenden Theorems von Buckingham finden [7].

Eine dritte systematische Möglichkeit die dimensionslosen Produkte der die Strömung charakterisierenden Parameter zu finden, ist gegeben, wenn die strömungsbeschreibenden Differentialgleichungen in dimensionsbehafteter Form bekannt sind. In dem hier behandelten Fall ist es das im Kapitel „Dynamischer Auftrieb" aufgeführte Gleichungssystem (1.0) und (1.1) von Navier und Stokes. Um hieraus die gesuchten dimensionslosen Produkte der Parameter zu finden, müssen dann in diesen Gleichungen nur die Größen $(\mathbf{x}, \mathbf{v}, P)$ durch die gestrichenen Größen $(\mathbf{x}', v', P')$ ausgedrückt werden, wodurch die gesuchten Produkte der Parameter automatisch als Faktoren in der umgeformten Gleichung auftreten.

Es sei hier vorweggenommen, dass es in diesem Beispiel nur ein dimensionsloses Produkt der strömungsbestimmenden Parameter gibt.

$$\text{Es ist das Produkt } \frac{v_{\infty} L v}{\rho}. \tag{3.2}$$

Diese dimensionslose Kennzahl ist nach dem Physiker Osborn Reynolds[1] benannt, der die besondere Bedeutung dieser Größe in der Strömungsphysik als Erster erkannte. Sie wird als Reynolds-Zahl bezeichnet und durch den Ausdruck Re in den entsprechenden Formeln verwendet.

---

[1] Osborne Reynolds (* 23. August 1842 in Belfast, Nordirland; † 21. Februar 1912 in Watchet in Somerset, England) war ein britischer Physiker. Nach ihm ist die Reynolds-Zahl, eine Kennzahl zur Beurteilung reibungsbehafteter Strömungsvorgänge, benannt.

Über die formale Bedeutung der Reynolds-Zahl als dimensionslose Kennzahl einer Strömung hinaus, findet man in der einschlägigen Literatur häufig eine Art der Deutung der Reynoldszahl, die ihr eine Anschaulichkeit verleiht. Diese Art der Deutung besteht darin, eine Analogie zwischen ihr und dem in einer Strömung herrschenden Verhältnis von Trägheitskräften zu Reibungskräften herzustellen.

Bei der Begründung für diese Sichtweise wird dabei nach dem folgenden Schema argumentiert.

Da sich die Bahnradien der Strömung an jeder Stelle proportional zur Größe L der Ränder verhalten, werden sich die Zentripetalkräfte und damit die Trägheitskräfte F_T umgekehrt proportional zur Größe L, proportional zur Dichte ρ und proportional zum Quadrat der typischen Geschwindigkeit v_∞ verhalten.

In einer Formel ausgedrückt erhält man die Beziehung $F_T \sim \frac{\rho v_\infty^2}{L}$.

Für die Reibungskräfte F_R besteht ein proportionaler Zusammenhang zur kinematischen Viskosität und zur typischen Geschwindigkeit. Andererseits besteht eine umgekehrt proportionale Abhängigkeit der Reibungskräfte zum Quadrat der Größe L der Ränder.

Um sich zu veranschaulichen, warum dieser zuletzt genannte Zusammenhang besteht, ist es erforderlich sich die Bedeutung des in der Navier-Stokes-Gleichung vorkommenden Terms (1.0) $v\Delta V$ zu vergegenwärtigen! Als Denkanstoß hierfür veranschauliche man sich, dass der Ausdruck $v\Delta V$ das Produkt aus der kinematischen Viskosität und der Änderung der Strömungsgeschwindigkeitsänderung pro Längeneinheit darstellt. Ist die Änderung der Geschwindigkeit pro Länge überall gleich groß (also der Ausdruck verschwindet) so ist eine vorne an einem Volumenelement des Strömungsmediums angreifende aufgrund von Reibung und der dort relativ zum geometrischen Mittelpunkt des Volumenelementes höheren Strömungsgeschwindigkeit beschleunigenden Kraft genauso groß wie die hinten am Volumenelement aufgrund der dortigen genau um den gleichen Betrag niedrigeren die Geschwindigkeit bremsenden Kraft. Die Kräfte heben sich gegenseitig auf!

Ist der Ausdruck $v\Delta V$ ungleich 0, so erfährt das Volumenelement eine Kraft, die proportional zum Ausdruck $v\Delta V$ und zur Oberfläche des Strömungskörpers ist, welche bekanntlich mit dem Quadrat der Abmessungen ansteigt.

Wichtig im Zusammenhang mit der Ähnlichkeitstheorie, ist die Tatsache, dass für die Reibungskräfte die Beziehung $F_R \sim \frac{v v_\infty}{L^2}$ besteht und die Erkenntnis, dass das Verhältnis der Trägheitskräfte zu den Reibungskräften $\frac{F_T}{F_R} = \text{Re}$, gerade dem Ausdruck, (3.2) entspricht.

Bei den oben angeführten Argumentationsschritten muss allerdings angemerkt werden, dass sie streng nur dann gelten, wenn die Strömungsmuster einerseits von den Reynoldszahlen unabhängig sind und andererseits bei einer Änderung der geometrischen Abmessungen, mit diesen skalieren. Letzteres ist in einer realen Strömung gewöhnlich näherungsweise der Fall. Die obige Formulierung zeigt somit eine Grundtendenz von Strömungen anschaulich auf. Es wird damit eine elementare Eigenschaft von dynamischen realen Auftriebsströmungen mit dieser Analogie beschrieben.

Es handelt sich dabei um den in der Realität fast ausnahmslos zu beobachtenden Anstieges, des von Trägheitskräften und Reibungskräften abhängigen Gleitwinkels von Profilen, bei anwachsenden Reynoldszahlen.

Bedenkt man, dass der Strömungswiderstand auf viskose Reibung und der Auftrieb auf an Fluidelementen angreifenden Trägheitskräften zurückzuführen ist, so wird die oben angenommene Analogie von der Realität bestätigt.

Gerade im Hinblick auf das Thema dieses Buches drängt sich die Frage auf, wie die an umströmten Körpern gemessenen angreifenden Kräfte in Beziehung zu den erwartbaren Kräften stehen, wenn sich bei gleich bleibender geometrischer Ähnlichkeit der Strömungskörper, die bestimmenden Parameter der Strömungen zwar ändern, die in den die Strömungskräfte beschreibenden Gleichungen vorkommenden dimensionslosen Produkten dieser Parameter aber gleich bleiben.

Betrachtet man hierzu wieder das Beispiel der newtonschen Flüssigkeit, so ist nur die Reynolds-Zahl die diesbezügliche Kennzahl, da sich an den die Strömung bestimmenden Parametern nichts geändert hat.

Anstelle der dimensionsbehafteten Größe einer Kraft F sucht man zunächst eine dimensionslose Größe $\mathbf{F}'$, die durch ein Produkt der strömungsbestimmenden Parameter ausgedrückt wird. Der Faktor $1/\rho v\infty^2 L^2$ erfüllt gerade diese Bedingung, sodass man die Beziehung (3.3) erhält:

$$\mathbf{F}' = \frac{F}{\rho v_\infty^2} L^2.$$
(3.3)

$\mathbf{F}'$ ist somit nur eine Funktion von der Reynoldszahl, was durch die Funktion $\mathbf{F}' = \mathbf{F}'(\text{Re})$ ausgedrückt wird. Das heißt, *bei gleichen Reynoldszahlen erhält man immer den gleichen Wert für* $\mathbf{F}'$ und damit eine Kennzahl für die Kraft.

Man bezeichnet den Wert $2\mathbf{F}'$ als *Kraftbeiwert C*, aus dem durch die Relation (3.3) einfach die dimensionsbehaftete reale Größe $\mathbf{F}$ bestimmt werden kann.

Der Faktor 2 ist aus praktischen Gründen gewählt worden, da in einer Potentialströmung ein exakter und in realen Strömungen oft ein ungefährer Zusammenhang von Kraftbeiwert und realer Kraft in der von (3.3) beschriebenen Art besteht.

Auch die Kombination solcher Kraftbeiwerte, z. B. der für die Effizienz einer Auftriebsströmung wichtige, schon im Kapitel „Schlagflug" erwähnte Quotient aus Auftriebsbeiwert C_a und Widerstandsbeiwert C_w, sind natürlich dimensionslos und besitzen deshalb bei ein und derselben Reynolds-Zahl und bei geometrisch gleichen Strömungskörpern, die gleiche Größe.

Vergleicht man hinsichtlich der Abschätzung von stabilen Flugzuständen die Methode der Bestimmung der Flächenbelastung, mit den Möglichkeiten der Ähnlichkeitstheorie, so wird deren Überlegenheit deutlich. Würde die Reynolds-Zahl sich bei einer Veränderung der Anströmgeschwindigkeit und einer Konstanz der übrigen Parameter nicht ändern, so würden beide Methoden zum gleichen Ergebnis führen, da wegen der dann ebenfalls sich nicht ändernden Größe des C_a-Wertes und (3.3) ein strenger Zusammenhang von Auftriebskraft, zum Quadrat der Anströmgeschwindigkeit bestünde.

In der Realität zeigt sich aber, dass mit der Verringerung der Anströmgeschwindigkeit und der damit zwangsläufig wegen (3.2) verbundenen Änderung (Verkleinerung) der Reynoldszahl, sich auch der C_a-Wert hin zu kleineren Werten ändert!

Greift man das konkrete Beispiel am Anfang des Kapitels auf, so würde dies bedeuten, dass das Flugzeug dessen Gewicht auf ein Viertel reduziert wird, bei der Hälfte der Geschwindigkeit und gleichbleibendem Anströmwinkel nicht mehr wie dort abgeschätzt, ein Viertel der Auftriebskraft besäße, sondern aufgrund des geringeren C_a-Wertes einen geringeren Auftrieb liefern würde. Um aber die dem Fluggewicht entsprechende Auftriebskraft dennoch zu erbringen, wäre der Pilot des Flugzeuges gezwungen den Anströmwinkel zu vergrößern, sodass die Gefahr des Strömungsabrisses bestünde.

Mit dem Problem geringerer möglicher C_a-Werte bei niedrigen Reynoldszahlen, haben sich besonders die Konstrukteure von Modellflugzeugen auseinanderzusetzen.

Auch in der Natur gibt es diese Auseinandersetzung mit diesem Problem. Besonders bei kleinen Vögeln und Insekten trifft dies zu.

Die Evolution hatte allerdings genügend Zeit sich hier raffinierte Lösungen, wie spezielle Oberflächen und ausgeklügelte Bewegungsmuster auszudenken, die es diesen Lebewesen ermöglichen auch bei kleinen Reynoldszahlen den „Traum vom Fliegen" zu verwirklichen.

Zum Schluss dieses Kapitels wird noch eine Kennzahl erwähnt, die eine Überleitung zum nächsten Kapitel herstellt, dass sich mit dem Phänomen der Turbulenz und deren Einfluss auf eine Auftriebsströmung beschäftigt. Alle bisher angestellten Überlegungen, einschließlich der daraus abgeleiteten Berechnungen gingen abgesehen von dem Kapitel „Flügelschlag" davon aus, dass sich die Umströmung von Strömungskörpern zumindest nach einer gewissen Zeit (Ausbildung des Anfahrwirbels), zeitlich nicht mehr ändert und somit als stationäre Strömung bezeichnet werden kann.

Das Wesen der Turbulenz macht diesen Vorstellungen in der Realität aber meistens einen Strich durch die Rechnung, weshalb nur in ganz wenigen Situationen das Ideal einer stationären Strömung erreicht wird. Gerade in sogenannten Strömungssituationen mit nicht abgeschlossenen Randbedingungen (ein Flugzeug in der Luft mit den das Strömungsgebiet begrenzenden nahezu unendlich weit entfernten Brandungen zum Weltraum), gibt es Diskussionen philosophischer Natur, ob unter solchen Umständen überhaupt in Strenge stationäre Strömungen existieren können, was von dem hier vertretenen Standpunkt verneint wird.

Kommen noch die Effekte dynamischer Strömungskräfte hinzu, so wächst die Tendenz zu erratischen von der Turbulenz hervorgerufenen instationären Strömungsmustern an.

Wieder mit den Gedanken zurückgekehrt zu der Umströmung eines Körpers mit einer Newton'schen Flüssigkeit, sollen solche bei einer bestimmten Strömungssituation ermittelten zeitlichen Schwankungen benutzt werden, um die zeitlichen Schwankungen einer Strömung mit anderen Parametern, aber gleicher Reynolds-Zahl und geometrisch ähnlichem Strömungskörper zu bestimmen.

Die Zeitdauer T, die eine bestimmte Fluktuationsdauer der Strömung angibt, wird durch eine dimensionslose Zahl T' ersetzt. In diesem Fall erreicht man dies durch den Faktor $\frac{v_\infty}{L}$, weshalb zwischen T und T' der Zusammenhang (3.4) besteht:

$$T' = \frac{Tv_\infty}{L}.$$

(3.4)

Bei gleicher Reynolds-Zahl verhält sich T' immer gleich: $T' = f(\text{Re})$.

T' wird als Strouhalzahl bezeichnet, aus der durch die Relation (3.4), die dimensionsbehaftete in Zeiteinheiten ausgedrückte Größe T bestimmt werden kann.

4 Turbulente Einflüsse in einer Auftriebsströmung

Das Gebiet der Turbulenzforschung ist sehr mächtig, wobei es eine der Kernaussagen dieses Fachgebietes ist, dass es niemals gelingen wird, auch mit noch so guten Rechenmaschinen der Zukunft eine turbulente Strömung exakt zu beschreiben. Dies gilt auch wenn als Grundlage eines Strömungsmodells solch relativ einfache Modellvorstellungen, wie die z. B. hier schon mehrfach benutzte Newton'sche Flüssigkeit zugrunde gelegt werden. *Auch ohne die modernen physikalischen Erkenntnisse des Mikrokosmos der Quantenwelt, in dem es schon vom Prinzip her nur darum gehen kann, Wahrscheinlichkeitsbetrachtungen anzustellen, zeigt uns die Natur in der klassischen Newton'schen Physik bei Strömungsbetrachtungen, also schon unsere Grenzen auf.*

Die Faszination bei der Betrachtung einer lebhaften Strömung eines Baches lässt intuitiv erahnen, dass sie uns niemals alle Geheimnisse preisgeben wird. Dem Begriff lebhafte Strömung kann man im weiteren Sinne hierbei sogar eine tiefere Bedeutung zukommen lassen.

So findet man in turbulenten Strömungsmustern fraktale Eigenschaften vor.

Offensichtlich ist es ein universelles Prinzip der Natur, bei komplexen Systemen, in denen vom Zufall abhängige Strukturen entstehen, diejenigen Strukturmuster zu bevorzugen, die bei ihrem Zerfall selbstähnliche Strukturen hervorbringen.

Kann man somit bei dieser Art der Betrachtung in die Versuchung geraten auch in der unbelebten Natur im weiteren Sinn das Grundprinzip lebendiger Natur, ähnliche Nachkommen zu produzieren, erahnen?

Es werden viele Anstrengungen in der Wissenschaft unternommen um die Statistik solcher Strukturen zu beschreiben [8]. An dieser Stelle soll es genügen festzustellen, dass man verschiedene turbulente Strömungen, durch Unterschiede in der statistischen Häufigkeit der Größe der Strukturen unterscheidet, was man durch solche Bezeichnungen wie kleinskalige oder großskalige Turbulenz grob kennzeichnet.

Der Einfluss der Turbulenz in einer Auftriebsströmung ist in den meisten Fällen unerwünscht, da er sich negativ auf die Effizienz der Strömung auswirkt. Aufgrund der permanenten Neuentstehung von in Strömungsrichtung abwandernden Wirbeln, wird dem System ständig Energie entzogen.

Auch der Anteil von viskoser Reibung an der Oberfläche des Strömungskörpers, wird durch turbulente Einflüsse und einer damit verbundene Erhöhung der Geschwindigkeitsgradienten, vergrößert (Erklärung hierzu in Kapitel „Oberflächenstrukturen"). Solche turbulenten Einflüsse machen sich einerseits in einem erhöhten Strömungswiderstand bemerkbar und andererseits wirken sie sich negativ auf die für den Auftrieb essentielle Zirkulationsströmung aus, in dem sie diese Abschwächen oder im Falle des in der Fliegerei gefürchteten „Strömungsabrisses" vollkommen zum Erliegen bringen.

Es gibt allerdings Situationen, bei denen nach dem Motto den Teufel mit dem Beelzebub auszutreiben, gezielt in bestimmten Bereichen einer Auftriebsströmung turbulente kleinskalige Strömungsmuster erzeugt werden, die so verhindern, dass großskalige

https://doi.org/10.1515/9783111336282-004

Strömungsmuster entstehen, mit den dann schwerer wiegenden Nachteilen (siehe Golf-ballprinzip im nächsten Kapitel).

In dem nachfolgenden Abschnitt dieses Buches werden nicht nur die Mechanismen des Einflusses der Turbulenz auf eine Auftriebsströmung behandelt, sondern gleichzei-tig wird eine Idee vorgestellt, mit der es möglich ist, mithilfe einer speziellen Oberfläche des umströmten Körpers die negativen von viskoser Reibung und insbesondere von Tur-bulenz hervorgerufene Einflüsse zu minimieren.

5 Reduktion des Strömungswiderstandes durch Strukturierung von Oberflächen

Wie in den weiteren Ausführungen ersichtlich wird, ist mit einer Reduzierung des Strömungswiderstandes durch eine geeignete Oberflächenbeschaffenheit des Strömungskörpers, meistens auch eine Verbesserung der Auftriebeigenschaften verbunden. Aus diesem Grunde wird hier eine neue Idee verfolgt, mit einer geeigneten Oberflächenstruktur diesbezügliche Verbesserungen zu erzielen.

Die bekannten technischen Lösungen zur Minimierung des Strömungswiderstandes beschränken sich häufig auf die Formgebung der um- oder angeströmten Körper, wobei meist eine glatte Oberfläche gewählt wird. Des Weiteren existieren aktive Methoden der Strömungsbeeinflussung durch Ansaugung und Absaugung der Grenzschicht.

Was die Beschaffenheit verwendeter nicht glatter Oberflächen anbelangt, gibt es beispielsweise Versuche mit Oberflächen, die in ihrer Struktur der Haihaut nachempfunden sind.

Neben einer Reduktion des Strömungswiderstandes verhindert solch eine Struktur in Wasser auch den Befall von anhaftenden Organismen, die zu einem Anwachsen des Strömungswiderstandes führen. Ein ebenso von einer glatten Oberfläche abweichendes Prinzip besteht in der unter dem Begriff Golfballprinzip bekannten Manipulation der Oberfläche durch eine regelmäßige Anordnung dellenartiger Vertiefungen. Insbesondere muss angemerkt werden, dass das Golfballprinzip ein völlig anderes Konzept verfolgt, als das hier im Folgenden zu beschreibende neuartige Konzept. Wie im Weiteren ausgeführt wird, ist die Anpassung der Oberflächenstrukturen an die Strömungssituation und damit an die Reynolds-Zahl entscheidend für den Erfolg des neuen Prinzips.

Das Golfballprinzip funktioniert immer dann gut, wenn es sich um Strömungskörper handelt, die im Hinblick auf einen niedrigen Strömungswiderstand ungünstig geformt sind. Der Golfball mit seiner Kugelform ist ein Beispiel für solch einen schlechten Strömungskörper. Bei dieser Art von Strömungskörpern greift die in dem vorigen Kapitel erwähnte Methode „den Teufel mit dem Belzebub austreiben". In einem solchem Fall ist eine deutliche Reduktion des Strömungswiderstandes durch in die Oberfläche integrierte Dellen, deren Größe bewusst so gewählt wird, dass eine kleinskalige Turbulenz entsteht, um eine großskalige für den Strömungswiderstand sehr nachteilige Turbulenz zu verhindern, möglich.

Handelt es sich dagegen um harmonisch geformte strömungstechnisch gute Strömungskörper, wie z. B. dem Profil einer Tragfläche eines Flugzeuges, so ist das Golfballprinzip kontraproduktiv im Hinblick auf eine Minimierung des Strömungswiderstandes.

Die Idee zu der hier erörterten neuartigen Vorgehensweise erwuchs aus einer besonderen Herangehensweise an die Problematik. Während die bekannten skizzierten Methoden den Strömungswiderstand zu verringern, vorwiegend durch Versuche und Auswahl der als günstig erachteten Ergebnisse gefunden werden oder wie im Beispiel

https://doi.org/10.1515/9783111336282-005

der Haihaut erfolgreiche Methoden aus der Natur kopiert werden, entspringt diese Idee zum großen Teil Versuchen gedanklicher Art. Sie setzt dort an, wo der Strömungswiderstand entsteht, nämlich in der Grenzschicht.

Hiermit wird der oberflächennahe Strömungsbereich bezeichnet, in dem die Strömungsgeschwindigkeit deutlich geringer ist, als in Bereichen weit entfernt von Oberflächen. Ihre Entstehung verdankt die Grenzschicht atomaren Haftkräften, die an den Atomen oder Molekülen des vorbeiströmenden Mediums in unmittelbarer Nähe zur Oberfläche hervorgerufen werden.

Ein bewährtes Modell des daraus resultierenden Geschwindigkeitsprofils, in der Nähe der Oberfläche wird durch die Grenzschichttheorie[1] gegeben [9]. Ihr zufolge wächst die Geschwindigkeit mit der Entfernung zur Oberfläche vom Wert 0 kontinuierlich an, um sich schließlich dem Wert der Strömung in großer Entfernung anzunähern. Analog zur Unterscheidung zwischen laminaren und turbulenten Strömungsformen unterscheidet man auch zwischen laminarer und turbulenter Grenzschicht.[2]

Die laminare Grenzschicht existiert dabei immer an den Stellen der Strömung, an denen das Strömungsmedium zum ersten mal in die unmittelbare Nähe von festen Oberflächen gelangt. Beim Tragflügel ist dies z. B. der Bereich der Profilvorderkante.

Teilt man der Anschauung halber die Strömung in übereinanderliegende Schichten ein, so wird mit der folgenden Betrachtungsweise einschbar, dass die Dicke der Grenzschicht in Strömungsrichtung anwächst.

Gemessen vom ersten Vorbeiströmen an der Vorderkante, wird es eine Weile dauern bis die Schichten (zuerst die unterste und danach die darüber liegenden Schichten) beginnen ihre Geschwindigkeitskomponente relativ zur Oberfläche zu verringern. Die Ursache für diese von Schicht zu Schicht sich ändernde Beschleunigung der Schichten liegt an viskosen Reibungskräften, die sowohl zwischen den Schichten, als auch zwischen der untersten Schicht und der Oberfläche wirken. Die Größe der Kräfte wird dabei vom Geschwindigkeitsgradient (Änderung der Geschwindigkeit senkrecht zur Strömungsrichtung) bestimmt. Da beim ersten Vorbeiströmen an der Vorderkante nur eine Differenzgeschwindigkeit zwischen unterster Schicht und der Oberfläche besteht, erfährt nur diese Schicht anfänglich eine Abbremsung (negative Beschleunigung). Die Grenzschicht ist an dieser Stelle noch extrem dünn und der Geschwindigkeitsgradient in ihr ist extrem hoch. Im weiteren Verlauf wächst dann mit der fortdauernden Verringerung der Geschwindigkeit der untersten Schicht auch die Differenzgeschwindigkeit zwischen ihr und der darüber liegenden Schicht an, was zu einer negativen Beschleunigung der zweiten Schicht führt (die Grenzschicht ist in unserem Modell jetzt zwei

---

1 Der Physiker Ludwig Prandtl hat die Grenzschichttheorie entwickelt.

2 Laminar: Geordnete meist stationäre Strömung, in welcher die viskose Reibung dominiert und Beschleunigungskräfte vernachlässigbar sind.
Turbulent: Geschwindigkeitsrichtung und Betrag ändern sich zeitlich nach meistens chaotischen Bewegungsmustern, wobei der Anteil der Beschleunigungskräfte nicht vernachlässigbar ist.

Schichten dick; siehe Bild 5.1). Der vorher extrem hohe Geschwindigkeitsgradient in der untersten Schicht hat aber nun abgenommen. Dieser Mechanismus setzt sich fort, mit bildlich gesprochen immer mehr dazukommenden Schichten, und erklärt schließlich, dass die Dicke der laminaren Grenzschicht in Strömungsrichtung gesehen stetig anwächst (Bild 5.1), wobei die Werte des Geschwindigkeitsgradienten in der Grenzschicht stetig abnehmen.

Da die viskosen Kräfte auch auf die nächste Schicht der Oberfläche, und damit auf die Oberfläche des Körpers wirken, kann hiermit ein Teil des Strömungswiderstandes anschaulich erklärt werden. Er ist an der Vorderkante am größten (dünne Grenzschicht großer Gradient), wobei er aber aufgrund seines nur auf einen kleinen Anteil der Gesamtoberfläche beschränkten Einflusses in diesem Bereich nicht besonders ins Gewicht fällt. Der Hauptverursacher für die in der Praxis auftretenden Widerstandskräfte, die weit über der durch die laminare Grenzschicht zu erklärenden Größe liegt, entsteht in Strömungsrichtung gesehen weiter abwärts.

Aufgrund der immer dicker werdenden Grenzschicht mit dem zwar positiven Effekt immer weniger Widerstand pro Oberflächeneinheit zu erzeugen, kommt eine ganz elementare Eigenschaft von Strömungen zum Vorschein. Die Strömungssituation wird instabil, sodass die in den zugehörigen Bewegungsgleichungen verankerte Möglichkeit chaotischen Verhaltens, in Form der nun weiter abwärts turbulent werdenden Grenzschicht zutage tritt. Auch in Bereichen außerhalb der Grenzschicht kann dort turbulente Strömung existieren, sodass in einem ausgedehnten Raumbereich an vielen Stellen und zu jeder Zeit große Geschwindigkeitsgradienten existieren. Die hiermit verbundenen hohen viskosen Reibungswerte verzehren schließlich Energie, wodurch ein hoher Strömungswiderstand entsteht. Ebenfalls Energie zehrend wirkt sich die permanente Entstehung von Wirbeln aus, die ihre Energie aus einem von ihnen verursachten, in Strömungsrichtung ansteigenden Druck erhalten. Die von diesem Druckgefälle an der Oberfläche des Strömungskörpers hervorgerufene Kraft, stellt den als Druckwiderstand bezeichneten Anteil des Strömungswiderstandes dar.

Die technisch negativen Auswirkungen turbulenter Strömungszustände *werden noch verstärkt*, wenn dynamischer Auftrieb (bei Flügelprofilen, Turbinenschaufeln etc.) hinzukommt.

Die für den Auftrieb erforderlichen räumlichen Druckverteilungen der Strömung erhöhen zusätzlich die Neigung zur Instabilität und der damit verbundenen Turbulenzentstehung.

Das Ziel der hier erörterten Idee, den Reibungswiderstand in der Grenzschicht zu verringern, verspricht wegen der bisher betrachteten Eigenschaften einer Strömung nicht nur eine Verbesserung der Reibungsverluste in laminarer und turbulenter Grenzschicht, sondern es kommt ein noch ganz entscheidendes Phänomen hinzu.

Benutzt man wieder das obige Modell der unterteilten Strömungsschichten, so wird die unterste Schicht im Falle einer erfolgreichen Reduktion des Oberflächenwiderstandes aufgrund einer geringeren Oberflächenhaftung weniger stark beschleunigt. Dies wiederum hat zur Folge, dass die Geschwindigkeitsgradienten und mit ihm die viskosen

Reibungskräfte zwischen allen übrigen Schichten kleiner werden. Der oben beschriebene Mechanismus, der für die Zunahme der laminaren Grenzschicht verantwortlich ist, wird hierdurch abgeschwächt, was zur Folge hat, dass die Zunahme der Grenzschichtdicke in Strömungsrichtung verringert wird.

Hiermit wird darüber hinaus eine Verringerung instabiler Strömungssituationen und der damit verbundenen Abschwächung negativer turbulenter Einflüsse erreicht. Schließlich wird nicht nur der Gesamtströmungswiderstand damit verbessert, sondern auch die maximal möglichen dynamischen Auftriebswerte.

Die Voraussetzung zur Entstehung einer dynamischen Kraft in einer Strömung ist in einer dicken Grenzschicht mit der dort naturgemäß stark verminderten Dynamik, sehr viel mehr eingeschränkt, als in einer dünnen Grenzschicht. Generell werden die negativen Tendenzen einer Strömung in einer Grenzschicht turbulentes Verhalten zu zeigen, durch bestehende Druckunterschiede, die in einer Auftriebsströmung zwangsläufig bestehen, sehr verstärkt. Die Voraussetzung dafür, dass eine Strömung bei vorhandenen Druckdifferenzen stationär ist, kann nur erfüllt sein, wenn räumlich Geschwindigkeitsunterschiede existieren.

Einfach formuliert wird damit zum Ausdruck gebracht, dass z. B. ruhende Luft, in der ein Druckgefälle besteht, nicht stationär sein kann, da augenblicklich ein Bewegungsmuster entstehen würde.

Durch das folgende Gedankenexperiment erfährt man eine Anschauung davon, wie essentiell es ist, das Anwachsen der laminaren Grenzschicht zu verhindern. Bis auf spezielle Ausnahmen herrscht in einer stabilen Strömung an Stellen von niedrigen Geschwindigkeiten ein höherer Druck als an Stellen mit hohen Geschwindigkeitsanteilen (in einer reibungslosen wirbelfreien Strömung gilt ja das Gesetz von Bernoulli). Die schnellen Volumenelemente des Mediums bauen bildhaft gesprochen Druckenergie auf, wenn sie kinetische Energie verlieren, und umgekehrt.

Tritt aber der Fall ein, dass beim Abbremsen eines Volumenelementes aufgrund zu hoher Reibungsverluste dieses wegen mangelnder kinetischer Energie gegen die sich aufbauende Druckbarriere nicht ankommt, so erfolgt ein unkoordinierter Rückfluss in diesem Teil der Strömung.

Vergleichbar ist dies mit einer Menge Murmeln, die sich gleichmäßig in eine Richtung (Analogie zur laminaren Strömung) auf einer ebenen Platte mit integrierter Mulde bewegen. Im Muldental haben sie kinetische Energie aufgebaut, beim Hochlaufen an der Muldenwand bauen sie diese wieder ab, um potentielle Energie zu gewinnen (Analogie Druck). Haben die Murmeln aber aufgrund einer zu tiefen Mulde (Analogie dicke Grenzschicht) wegen dem langen Weg zu viel Rollwiderstandsenergie verloren, so schaffen sie es nicht mehr bis an den oberen Rand und rollen aus diesem Grund wieder zurück, wobei sie mit den anderen Murmeln zusammenstoßen – der Anfang vom Chaos.

Basierend auf den Überlegungen zu Grenzschicht und Reibung soll nun die eigentliche Idee zur Reduktion des Strömungswiderstandes dargelegt werden.

Bei der Suche nach Lösungen kommt man leicht auf eine praktisch nicht oder nur unter Inkaufnahme immenser anderweitiger Probleme zur verwirklichenden Idee.

In einer solcher nichtpraxistauglichen Idee versieht man den umströmten Körper mit flexiblen Außenhäuten, die fließbandähnlich mit der Geschwindigkeit des Strömungsmediums über dessen Kontur streifen.

Das Grenzschichtproblem hätte man zumindest damit gelöst, da dieses dann nicht mehr existieren würde.

In der nachfolgend vorgestellten Idee soll auf ganz anderem aber technisch leicht zu realisierendem Weg ein Teilerfolg bei der Verringerung negativer Grenzschichteinflüsse auf die Strömung erzielt werden.

Es handelt sich bildlich gesprochen um eine kugelgelagerte Grenzschicht.

Der Gedanke hierbei ist es, auf der Oberfläche senkrecht zur Strömungsrichtung verlaufende Vertiefungen zu integrieren. Der Querschnitt der Vertiefungen soll einem nicht ganz geschlossenen Kreis oder einer ähnlichen Form entsprechen (Bild 5.2).

Die Größe dieser Struktur wird der entsprechenden Strömungssituation in der Art angepasst, dass die Abmessung der Durchmesser dieser im Querschnitt kreisähnlichen Strukturen *an jeder Stelle des Strömungskörpers in der Größenordnung der zu erwartenden Grenzschichtdicke liegt.* Hierdurch wird laut Grenzschichttheorie [9] eine negative Beeinflussung der Gesamtströmung also auch der Strömung außerhalb der Grenzschicht verhindert.

Im Gegensatz zu dem erwähnten Golfballprinzip ist die Strömung innerhalb der Strukturen nicht, wie es bei dem Golfball der Fall ist, kleinskalig turbulent, sondern laminar.

Das besondere an dieser Art der Oberflächenstruktur ist, dass das innerhalb der rohrförmigen Vertiefungen sich befindende Strömungsmedium rotiert.

Der Antrieb für diese aufgrund der niedrigen Reynolds-Zahl in den Rohren laminaren Rotationsströmung erfolgt dabei durch den viskosen Reibungseinfluss, der darüber hinwegströmenden Grenzschicht (Bild 5.2).

Das Entscheidende bei diesem Vorgang spielt sich dabei an der Berührung von rotierendem Medium und Grenzschichtströmung ab.

Aufgrund des Zusammenhanges von Geschwindigkeitsgradient und viskoser Reibungskraft, wirkt an dieser Stelle eine auf die Grenzschicht verminderte Kraft, verglichen mit den Stellen, an denen die Grenzschicht direkt über die Oberfläche strömt.

Die Ursache hierfür ist der an den Berührungsstellen des Strömungsmediums in der Röhre mit der darüber streichenden Grenzschicht verminderte Geschwindigkeitsgradient, verglichen mit dem Geschwindigkeitsgradienten der Grenzschicht direkt über der starren Oberfläche.

Anders formuliert bedeutet das, dass die Differenzgeschwindigkeit zwischen dem Strömungsmedium in der Röhre und der darüber streichenden Grenzschicht kleiner ist, als die Geschwindigkeit der Grenzschicht direkt über der Oberfläche.

In der Summe erfährt die Grenzschicht entlang der Kontur des Körpers demzufolge eine weniger bremsende Kraft, was gleichbedeutend mit einer Reduktion des Strömungswiderstandes ist. Darüber hinaus bewirkt diese vermindernde bremsende Kraft insbesondere, den oben beschriebenen positiven Effekt einer geringeren Dickenzunahme der Grenzschicht in Strömungsrichtung, mit dem damit verbundenen Vorteil einer verminderten Neigung der Strömung zu chaotischen Strömungsmustern.

Eine weitere Verbesserung dieses Prinzips wäre durch Hinzufügen zusätzlicher rohrartiger Strukturen möglich. Verbände man die Rohre untereinander mit kleineren Rohren, so würde aufgrund der an den Berührungsstellen verminderten Geschwindigkeitsgradienten, zusätzlich Energie eingespart. Hiermit wäre eine weitere Herabsetzung des Gesamtströmungswiderstandes verbunden, wobei es denkbar ist, diese Art des Hinzufügens immer kleinerer Rohre in selbstähnlicher Anordnung (Fraktale), mithilfe der Nanotechnologie zu realisieren (Beispiele für fraktalähnliche Anordnungen der Rohre; siehe Bild 5.3 und Bild 5.4).

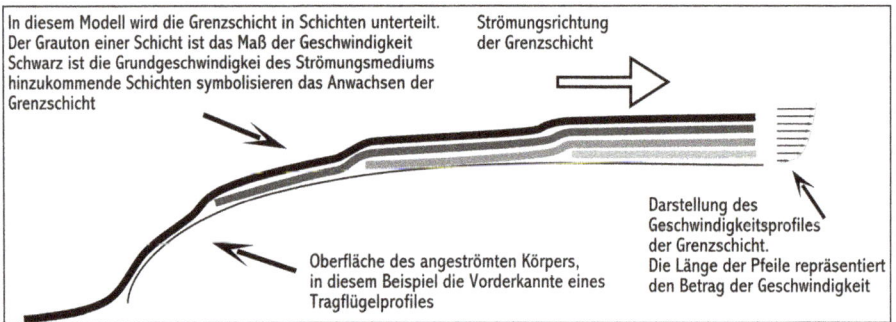

Abb. 5.1: Reduktion von turbulenten Störungen.

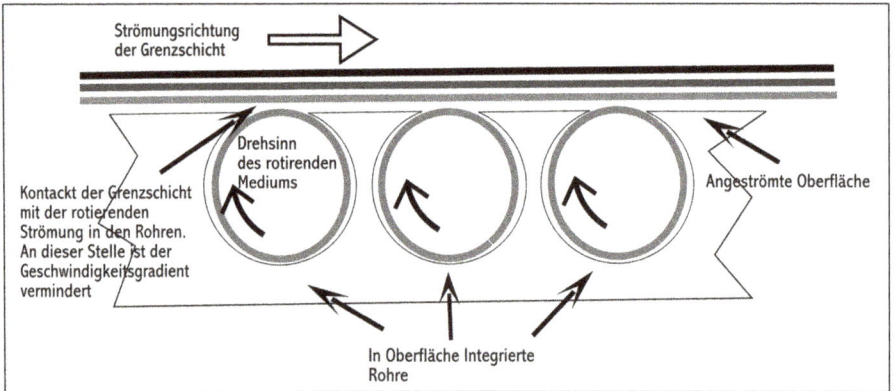

Abb. 5.2: Eine Patentidee.

Bild 5.2 zeigt auf plakative Art den Kerngedanken der Idee:

Die Grenzschicht strömt über die rohrähnlichen Strukturen, die die innere Strömungsreibung in der Grenzschicht minimieren.

Paradoxerweise wird der Strömungswiderstand trotz der vergrößerten angeströmten Gesamtfläche (inklusive der Oberflächen der rohrähnlichen Strukturen) gegenüber einer Oberfläche ohne diese Strukturen deutlich geringer sein.

Der Grund hierfür liegt in dem dominierenden Effekt des herabgesetzten Geschwindigkeitsgradienten an den offenen Stellen der rohrartigen Vertiefungen.

Der folgende Gedanke zeigt, dass mit Sicherheit eine Reduzierung des Widerstandes erfolgt. Hierzu nehme man an, dass das Strömungsmedium innerhalb der rohrähnlichen Strukturen zunächst durch einen technischen Trick am Rotieren gehindert werde. Der Geschwindigkeitsgradient der Grenzschicht an den Rohröffnungen ist dann genauso groß wie an der gewöhnlichen Oberfläche des umströmten Körpers. Dies ist aber gleichbedeutend damit, dass der Strömungswiderstand sich nicht geändert und damit auch nicht verbessert hätte. Lässt man nun eine mögliche Rotation des Strömungsmediums innerhalb der Röhren zu, so wird in jedem Fall eine Rotationsbewegung einsetzen, da das überströmende Medium einen Impuls überträgt. Somit wird das System im Laufe seiner zeitlichen Entwicklung, dessen Anfang bei Beginn eines über die Strukturen strömenden Fluides liegt, automatisch den Zustand des geringsten Strömungswiderstandes annehmen.

Man kann den evolutionären Überströmprozess auch so beschreiben, dass zunächst keine auf viskoser Reibung beruhende Gegenkraft innerhalb der Röhren vorhanden sein kann, die das Medium am Rotieren hindert. Eine viskose Gegenkraft kann nur bei einem vorhandenen Geschwindigkeitsgradienten innerhalb der Röhren existieren. Dieser ist aber aufgrund der zunächst nicht vorhandenen Strömungsgeschwindigkeit am Anfang gleich null. Erst mit Zunahme der Rotationsgeschwindigkeit wird dann eine von viskoser Reibung hervorgerufene Gegenkraft innerhalb der Röhren dazu führen, dass sich ein Gleichgewicht zwischen den die Rotation antreibenden und den die Rotation hemmenden Kräften entsteht. Wie oben gezeigt wird, ist für eine erfolgreiche Reduktion des Strömungswiderstandes entscheidend, dass in Folge der Rotationsströmung in den Rohren, der Geschwindigkeitsgradient an den offenen Rohrstellen abnimmt, wodurch schließlich der von ihm abhängige Strömungswiderstand kleiner wird.

Der Übersicht halber sind die inneren Rohrquerschnitte in dieser Darstellung als vollständiger Kreis ohne die offenen Bereiche abgebildet, welche sich naturgemäß an den Überschneidungen befinden.

Im Gegensatz zur Rohranordnung von Bild 2.15 ist es bei dieser Art der fraktalähnlichen Rohranordnung zwecks Fixierung der Rohrwände im Raum nötig, fest die Rohre unterbrechende Strukturen in die Oberfläche zu integrieren. Diese können allerdings beliebig schmal gestaltet werden, sodass die kurzen Rohrunterbrechungen nicht ins Gewicht fallen.

Die Abbildung zeigt ein weiteres Beispiel für ein fraktales Anordnungsschema der Rohre.

Kommentar von Prof. Joachim Peinke (Turbulenzforschung Universität Oldenburg) zu Bild 5.4:

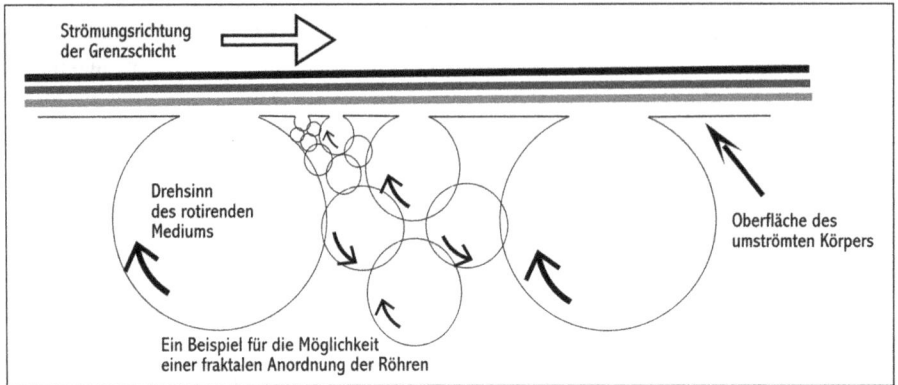

Abb. 5.3: Optimierung der Patentidee.

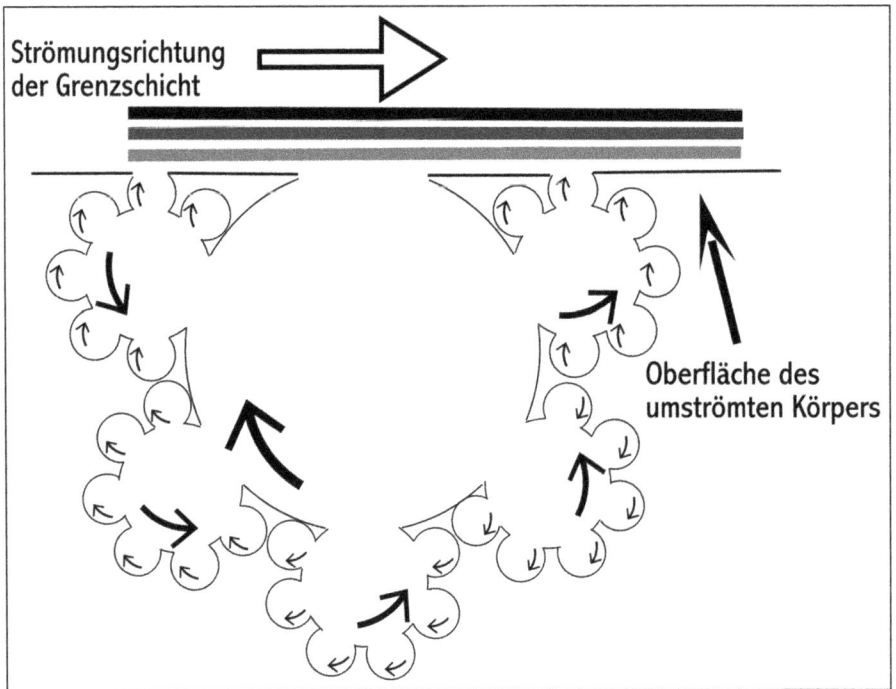

Abb. 5.4: Fraktale Muster.

„Gerade die logische Fortsetzung der Argumentation führt interessanterweise zu dem dargestellten fraktalen Muster (wie die Puppe in der Puppe). Es ist vielleicht interessant anzumerken, dass fraktale Gitter mit kleinstem Strömungswiderstand große Turbulenzen erzeugen. Dies ist im Einklang mit der hier dargelegten Idee der Strömungsreduktion des entsprechenden Flügelprofils."

Anhang

Mathematische Methoden zum Aufsuchen inkompressibler Potential-Auftriebsströmungen

An dieser Stelle wird ein grober Überblick bewährter Methoden vermittelt, mit deren Hilfe es möglich ist, auf einfache Art und Weise Lösungen von Potentialauftriebsströmungen inkompressibler, stationärer Strömungen zu finden. Generell geht es hierbei darum, Lösungen der Laplace-Gleichung zu finden. Die zu dieser linearen, partiellen Differentialgleichung zugehörigen Randbedingungen bestehen z. B. aus den folgenden Angaben. Dass die Anströmgeschwindigkeit **v** in einer ausreichend großen Entfernung, bei der diese noch keine Veränderung durch den Strömungskörper erfährt, die Angabe der Form des Strömungskörpers und die damit verbundene Bedingung, dass diese Form eine Stromlinie der gesuchten Strömung darstellt, die verlangt, dass die Strömung harmonisch an der Hinterkante austritt, genügen die Kuttaschen Abflussbedingungen.

Aufgrund der Eigenschaft der linearen Laplace-Gleichung, dass die Summe aus verschiedenen Lösungen wieder eine Lösung darstellt, kann man die Arbeitsschritte oftmals vereinfachen, wenn man zunächst einfach zu ermittelnde Einzellösungen sucht, deren Summe dann die Gesamtlösung darstellt.

Eine hier mit Methode A bezeichnete Möglichkeit ist es zunächst eine Zirkulationsströmung um den betreffenden Strömungskörper zu bestimmen (die Stromlinien sind geschlossen), wobei die Strömungsgeschwindigkeit in großer Entfernung gegen null geht. Als zweite Lösung sucht man eine zirkulationsfreie Strömung um den Strömungskörper, die in großer Entfernung eine Translationsströmung darstellt, und deren Stromlinien sich im Unendlichen treffen.

Bei einer hier mit Methode B bezeichneten Möglichkeit geht man folgendermaßen vor:

Man erinnere sich an die im ersten Kapitel des Buches beschriebene Eigenschaft von Strömungen, dass diese trotz existierender Wirbel, in den wirbelfreien Gebieten eine Potentialströmung darstellen, soweit die Kriterien für eine Potentialströmung in diesen Bereichen der Strömung erfüllt sind. Erweiternd trifft dies auch für den Fall zu, dass Bereiche in der Strömung existieren die keine inkompressible Potentialströmung darstellen, weil in diesen Bereichen die Kontinuitätsgleichung (1.1) nicht erfüllt ist. Solch eine Strömung stellt in den Bereichen, in denen alle Kriterien der Potentialströmung erfüllt sind, ebenfalls eine Potentialströmung dar (Veranschaulichung der Kontinuitätsgleichung in Bild A.1).

Die für die Verletzung der Kontinuitätsgleichung verantwortlichen Quellen und Senken in den betreffenden Bereichen der Strömung, können dabei kontinuierlich oder auch in Form von Singularitäten existieren. Durch gezielte Anordnung von Quellen, Senken, Zirkulations- und Translationsströmungen, können vielfältige Strömungsmuster abgebildet werden.

https://doi.org/10.1515/9783111336282-006

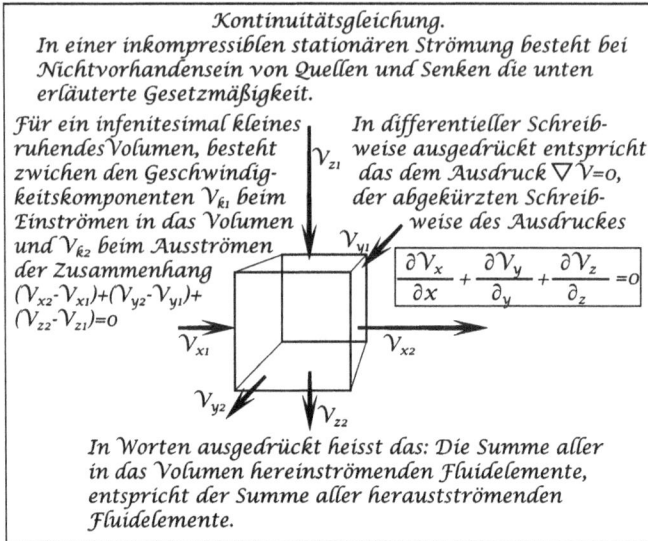

Kontinuitätsgleichung.
In einer inkompressiblen stationären Strömung besteht bei Nichtvorhandensein von Quellen und Senken die unten erläuterte Gesetzmäßigkeit.

Für ein infenitesimal kleines ruhendes Volumen, besteht zwichen den Geschwindigkeitskomponenten V_{k1} beim Einströmen in das Volumen und V_{k2} beim Ausströmen der Zusammenhang $(V_{x2}-V_{x1})+(V_{y2}-V_{y1})+(V_{z2}-V_{z1})=0$

In differentieller Schreibweise ausgedrückt entspricht das dem Ausdruck $\nabla V=0$, der abgekürzten Schreibweise des Ausdruckes

$$\frac{\partial V_x}{\partial x} + \frac{\partial V_y}{\partial y} + \frac{\partial V_z}{\partial z} = 0$$

In Worten ausgedrückt heisst das: Die Summe aller in das Volumen hereinströmenden Fluidelemente, entspricht der Summe aller herausströmenden Fluidelemente.

Abb. A.1: Die Kontinuitätsgleichung.

Eine Besonderheit von Strömungen die hierbei abgebildet werden können ist die, bei der sich eine Stromlinie (Trennstromlinie) aufteilt und damit den Strömungsbereich einteilt in einen Bereich innerhalb der Stromlinie wo die Stromlinien entweder geschlossen sind, oder einen Anfang und ein Ende haben und in einen Bereich außerhalb, in dem sich die Stromlinien im Unendlichen treffen und in dem die Strömung in großer Entfernung zum Strömungskörper in eine reine Translationsströmung übergeht.

An diesem Punkt ist es wichtig sich zu veranschaulichen, dass die Trennstromlinie die Bedingungen einer Stromlinie gleicher Form um einen Strömungskörper realisiert. Es kann gezeigt werden, dass durch Variation einer Translationsströmung und einer innerhalb der Trennstromlinie variablen Quellen, Senken und Wirbelströmung, jede Auftriebsströmung um einen beliebig geformten Strömungskörper dargestellt werden kann [2].

In vielen Fällen wird eine Trennstromlinie gerade bei länglichen Strömungskörpern, die die typische Form eines Tragflügels haben, gleichzeitig auch die Kontur des Tragflügels besitzen.

Theoretisch sind aber auch Strömungskörper möglich, deren Kontur mit Stromlinien innerhalb der Trennstromlinie übereinstimmen. Beispiele für solche Strömungen findet man häufig bei Umströmungen stumpfer Strömungskörper, hinter denen sich in Strömungsrichtung gesehen sogenannte Totwassergebiete bilden, in denen die Stromlinien geschlossen sind. Die Hauptströmung mit sich nicht schließenden Stromlinien umströmt solche Gebiete, so als handele es sich bei dem Totwassergebiet um einen Teil des Strömungskörpers.

Eine sehr gute Anschauung solchen Verhaltens bei einer reinen Potentialströmung kann man erfahren, wenn man die Auftriebspotentialströmung um einen Kreiszylinder für verschiedene Werte der Zirkulation bei konstanter zu überlagernder Translationsströmung berechnet.[1]

Ab einer bestimmten Stärke der Zirkulation stimmt die Kontur der Trennstromlinie dann nicht mehr mit der Kontur des Kreiszylinders überein.

Für den Fall, in dem es sich bei den Quellen und Senken innerhalb einer Strömung um Singularitäten handelt, kann der Bereich innerhalb der Trennstromlinie ebenfalls durch eine Potentialströmung beschrieben werden (Bilder A.2 bis A.4).

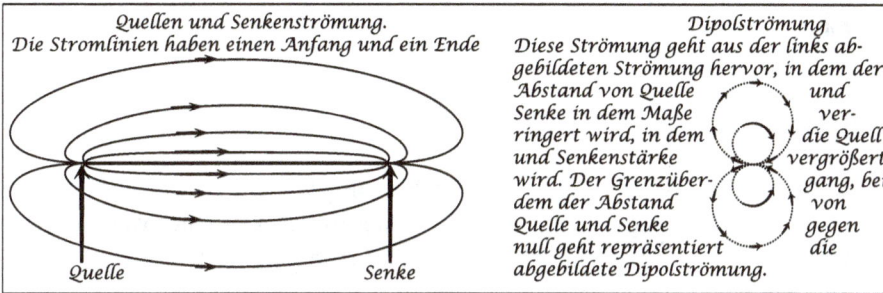

Abb. A.2: Quellen und Senken bei Potentialströmungen.

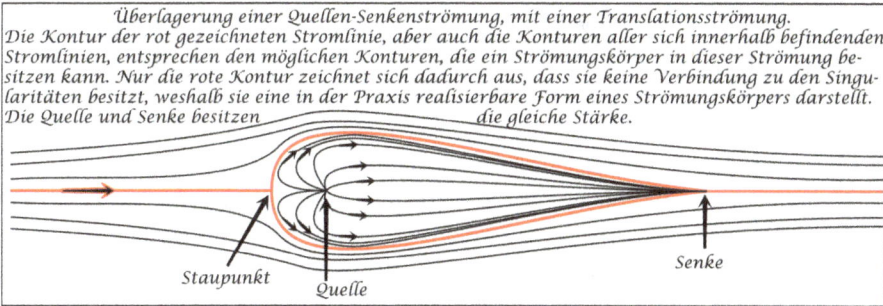

Abb. A.3: Überlagerung von Quellen, Senken und Translationsströmung.

Eine einfach zu handhabende spezielle Form der Anwendung von Methode B stellt die Skelettheorie dar.

---

1 Eine sehr anschauliche Darstellung der Thematik findet man in [2] Kapitel „Potentialströmung".

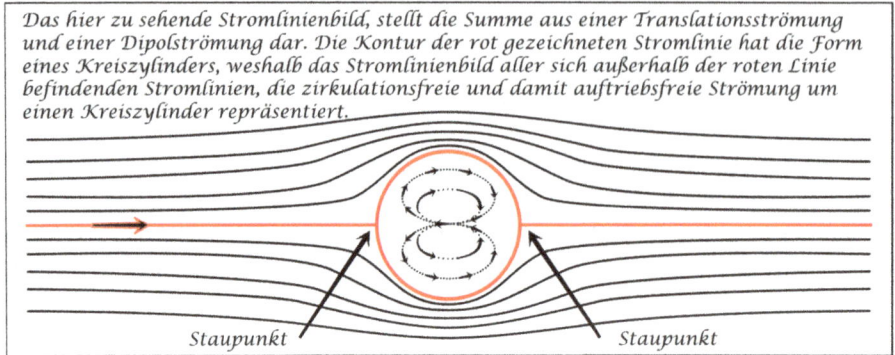

Das hier zu sehende Stromlinienbild, stellt die Summe aus einer Translationsströmung und einer Dipolströmung dar. Die Kontur der rot gezeichneten Stromlinie hat die Form eines Kreiszylinders, weshalb das Stromlinienbild aller sich außerhalb der roten Linie befindenden Stromlinien, die zirkulationsfreie und damit auftriebsfreie Strömung um einen Kreiszylinder repräsentiert.

Staupunkt   *Staupunkt*

Abb. A.4: Überlagerung von Dipol- und Translationsströmung.

Skeletttheorie

Die Kontur des Auftriebskörpers wird bei der Skeletttheorie nur durch eine Linie, Skelettlinie genannt, repräsentiert. Die Dicke des Profils ist also gleich null, weshalb keine Quellen und auch keine Senken zur Beschreibung der Strömung erforderlich sind.

Nur eine kontinuierlich entlang der Profillinie verteilte Wirbelstärke wird zur Beschreibung der zirkulationsbehafteten Strömung herangezogen.

Der Vorteil bei dieser Vorgehensweise ist der, dass man mithilfe der mathematisch relativ einfach zu beschreibenden Überlagerung von auf Linien angeordneten Zirkulationsdichteverteilungen, eine vertikal zu dieser Linie induzierte Geschwindigkeit ermitteln kann.

Nutzt man jetzt wieder die Möglichkeit, Lösungen von Potentialströmungen addieren zu dürfen, so kann man bei einer vorgegebenen Anströmrichtung und Anströmgeschwindigkeit einer zu addierenden Translationsströmung bestimmen, wie groß die auf der Linie induzierte vertikal ausgerichtete Geschwindigkeit sein muss. Das Kriterium hierfür ist die Bedingung, dass die Summe aus beiden Strömungen, also die Summe aus der Translationsströmung und der von den Wirbeln induzierten Strömung eine tangential zu dieser Linie verlaufende Strömung ergibt, und somit das Skelettprofil umströmt.

Diese Bedingung ist nur in dem Fall erfüllt, in dem die Geschwindigkeitskomponente der Anströmgeschwindigkeit senkrecht zur Skelettlinie den gleichen Betrag der auf der Skelettlinie induzierten Geschwindigkeit besitzt und dieser entgegengerichtet ist (Bild A.5 und A.6).

Die Vorgehensweise zur Bestimmung der dafür erforderlichen Zirkulationsdichteverteilung auf der Skelettlinie ist zunächst vergleichbar mit der in Kapitel induzierter Widerstand (Traglinientheorie). Es wird dort zunächst mithilfe des Biot-Savart-Gesetzes in Gleichung (2.5) ausgedrückt, wie groß die von einer auf der Traglinie existierenden Zirkulationsdichte induzierte Strömungsgeschwindigkeit an einer bestimmten Stelle y_0 ist.

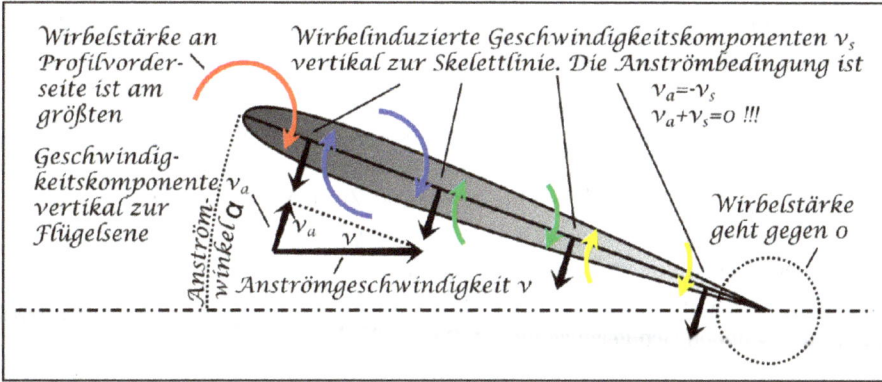

Abb. A.5: Skeletttheorie, Darstellung der sich überlagernden Wirbel.

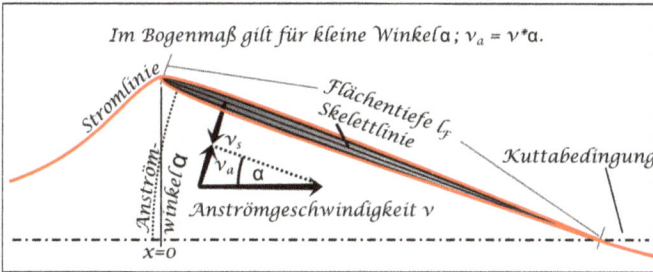

Abb. A.6: Bedingungen für die Strömung um eine Skelettlinie.

In dem speziellen Fall einer elliptischen Auftriebsverteilung, wird eine konstante entlang der Flügelspannweite induzierte Geschwindigkeit gefordert. Genau wie bei der Traglinientheorie wird im Falle der Skeletttheorie eine ebenfalls entlang einer Linie in diesem Fall der Skelettlinie konstante induzierte Geschwindigkeit an jeder Stelle l_0 dieser Linie, die die Gesamtlänge l_F besitzt, gefordert. Die Größen l und l_0 bezeichnen hierbei jeweils den Abstand von der Profilvorderkante.

Dieser Geschwindigkeitsbetrag muss der Anströmgeschwindigkeitskomponente orthogonal zur Skelettlinie entsprechen, die sich bei kleinen Anströmwinkeln α aus dem Produkt dieses Winkels im Bogenmaß und dem Betrag v_∞ der Anströmgeschwindigkeit (Bild A.5 und A.6) ergibt. Hieraus erhält man schließlich den Zusammenhang (A.1):

$$v_\infty \cdot \alpha = -\frac{1}{4\pi} \int_0^{l_F} \left(\frac{d\Gamma}{dl}\right) \frac{1}{(l_0 - l)} dl. \tag{A.1}$$

Anstelle des Faktors $1/4\pi$ tritt in (A.1) nur der Faktor $1/2\pi$ auf, da es sich anstelle der in (2.5) dreidimensionalen Betrachtung in (A.1) nur um eine zweidimensionale Betrachtung handelt.

Gleichung (A.1) sagt also aus, dass an jeder Stelle l_0 der Einfluss aller auf der Skelett-linie verteilten Zirkulationsdichten, eine Geschwindigkeit induziert, deren Betrag gleich $v_\infty \cdot \alpha$ ist.

Führt man den Vergleich zwischen (2.5) und (A.1) weiter fort, so könnte man die Schlussfolgerung ziehen, dass die Zirkulationsdichteverteilung auf der Skelettlinie die gleiche Form besitzen müsste, wie die zugehörige Zirkulationsdichte zur elliptischen Auftriebsverteilung in Bild 2.14. Sie würde also nicht wie in Bild A.5 skizziert, am hinte-ren Ende der Skelettlinie verschwinden. Bei näherer Betrachtung kann dies allerdings nicht richtig sein. Die Summe aller positiven und negativen Anteile der Zirkulationsdich-te in Bild 2.14 heben sich gegenseitig auf. Das heißt aber, dass die gesamte Zirkulation um den Flügelquerschnitt gleich null wäre. Dies wiederum würde bedeuten, dass es sich bei der Strömung um den Flügelquerschnitt nicht um eine Auftriebsströmung handelt (Bild A.7 links oben).

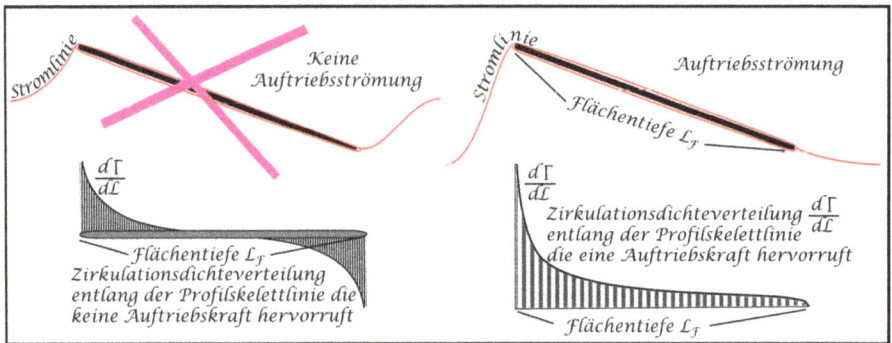

Abb. A.7: Verschiedene Zirkulationsverteilungen.

Aufgrund der vom Betrag her an der Flügelvorderkante und an der Hinterkante gleichgroßen Zirkulationsdichte, die sich aber vom Drehsinn unterscheidet, (an der Vor-derkante ist er in dieser Grafik rechtsdrehend und an der Hinterkante linksdrehend) findet auch eine gleichstarke Umlenkung des Strömungsmediums an der Hinterkante wie an der Vorderkante statt. Damit ist die Kutta'sche Abflussbedingung nicht erfüllt.

Man kann sich rückblickend auf die im Kapitel „Dynamischer Auftrieb" gewon-nene Erkenntnis, dass eine dem Newton'schen Gesetz entsprechende Beschleunigung von Fluidelementen im Bereich des Flügels essentiell für das Auftreten einer dynami-schen Auftriebskraft ist, veranschaulichen, dass dies in der links skizzierten Grafik von Bild A.7 nicht der Fall ist. In dieser Grafik ist unten links die zur elliptischen Auftriebs-verteilung zugehörige Zirkulationsdichteverteilung eingezeichnet und oben links sym-bolisiert durch eine rot eingezeichnete Stromlinie, die daraus resultierende Gesamtströ-mung.

Somit muss man schlussfolgern, dass die Zirkulationsdichteverteilung eine andere sein muss als die links in Bild A.7 abgebildete, da sie sich gravierend von der Zirkulationsdichteverteilung einer elliptischen Auftriebsverteilung unterscheiden muss.

Die Ursache für die gemachte Fehlannahme bezüglich einer vermeintlichen Zirkulationsdichteverteilung, die der elliptischen Auftriebverteilung ähnelt, liegt darin, dass nicht berücksichtigt wurde, dass bei Lösungen von Integralgleichungen der Art von (2.5) und (A.1) eine Anfangsbedingung für die Zirkulationsdichteverteilung vorgegeben werden muss, die im Falle des hier behandelten Problems darin besteht, dass die Zirkulationsdichte an der Profilhinterkante verschwindet, was in Bild A.5 schon vorweggenommen wurde. Nur dann ist die Kutta'sche Abflussbedingung erfüllt und damit eine Auftriebsströmung möglich.

Die sich daraus ergebende, als Erste Birnbaum'sche Normalverteilung [2] bezeichnete Zirkulationsdichteverteilung, ist rechts unten in Bild A.7 skizziert. Die Form dieser Zirkulationsverteilung, wird durch den Zusammenhang $\frac{d\Gamma}{dl} \propto \sqrt{(\frac{1-l}{l})}$ beschrieben.

In Bild A.7 rechts oben ist die zugehörige durch eine rot eingezeichnete Stromlinie symbolisierte resultierende Auftriebsströmung skizziert.

Um eine Lösung für (A.1) zu erhalten, ist es technisch von Vorteil, eine Koordinatentransformation für L vorzunehmen.

$$l = \frac{l_F}{2}(1 - \cos\beta),$$

$$l_0 = \frac{l_F}{2}(1 - \cos\beta_0).$$

Das bedeutet, dass das Differential dl durch $dl = \frac{l_F}{2}\sin\beta d\beta$ ausgedrückt werden muss.

Die Lösung der Integralgleichung (A.1) kann in Standardwerken nachgeschlagen werden, sie ergibt den Zusammenhang (A.2):

$$\boxed{\frac{d\Gamma}{d\beta} = 2av_\infty \frac{1 + \cos\beta}{\sin\beta}.} \qquad (A.2)$$

Man kann zeigen, dass durch die Gleichung (A.2) die Kuttasche Abflussbedingung erfüllt ist.

Aus dem Zusammenhang (A.2) erhält man die für die Berechnung der Auftriebskraft erforderliche Gesamtzirkulation durch Integration in den Grenzen $\beta = 0$ und $\beta = \pi$ (A.3):

$$\Gamma = \pi v_\infty a l_F. \qquad (A.3)$$

Die pro Spannweiteneinheitslänge L hervorgerufene dynamische Auftriebskraft wird durch die Gleichung (1.3) bestimmt: $F_a/L = v_\infty \cdot \rho \cdot \Gamma$.

Aus den beiden Gleichungen (A.3) und (1.3) lässt sich nun leicht der C_a-Wert bestimmen, indem zunächst der Wert der Zirkulation aus der Gleichung (A.3) in die Gleichung (1.3) eingesetzt wird.

Für die Auftriebskraft ergibt sich somit der Ausdruck $F_a = \pi a v_\infty^2 \rho \cdot L \cdot l_F$. Das Produkt $L \cdot l_F$ entspricht hierbei gerade der Fläche A, auf welche die Auftriebskraft bei der Definition des C_a-Wertes bezogen wird ($\to F_a = \pi a v_\infty^2 \rho \cdot A$).

Hieraus ergibt sich der in Kapitel „Dynamischer Auftrieb" erwähnte Zusammenhang des C_a-Wertes vom Anströmwinkel in (A.4):

$$\boxed{C_a = 2\pi a.}$$ (A.4)

Die Änderung des Auftriebswertes pro Anströmwinkeländerung ergibt sich aus der Ableitung von (A.4) nach Anströmwinkel a:

$$\boxed{\frac{dC_a}{da} = 2\pi.}$$ (A.5)

Die Bestimmung der Auftriebskraft am Skelettmodell kann man als die Summe aller Produkte aus der Konstanten $v_\infty \rho$ und den infinitesimalen Werten der Zirkulationsdichte von der Gleichung (A.2) deuten.

Ändert man diese Aufsummierung ab, indem man den Ausdruck noch mit dem Abstand l von der Profilvorderkante multipliziert, so erhält man anstelle einer Auftriebskraft, ein Drehmoment pro Spannweiteneinheitslänge L.

Analog zum Begriff des Betrages eines Drehmomentes, also dem Produkt aus einer Kraft und einem Hebelarm, auf den sie rechtwinklig wirkt, ist der Profilmomentbeiwert definiert als Produkt des dimensionslosen C_a-Wertes, und dem rechtwinkligen dimensionslosen Hebelarm, der sich aus dem Quotienten einer Länge und der Bezugslänge l_F ergibt. Bei der Angabe des Momentbeiwertes ist die Angabe seines Ortes notwendig, der durch eine nach unten gestellte Ziffer angegeben wird.

Der sich auf den Bezugspunkt „Vorderseite des Profils" beziehende dimensionslose Momentbeiwert ist somit definiert als $CM_v = \frac{C_a \cdot l_D}{l_F}$, wobei l_D der Abstand zum Druckpunkt ist.

Die Berechnung des Momentenbeiwertes CM_v mit dem Bezugspunkt an der Profilvorderseite wird hier ohne Rechenschritte, die man z. B. in [2] findet, angegeben:

$$CM_v = \frac{-C_a}{4}.$$

Da der dimensionslose Kraftbeiwert rechts von dem Bezugspunkt der Profilvorderseite im Druckpunkt angreift, ist der Drehsinn entgegen dem Uhrzeigersinn gerichtet, was durch ein negatives Vorzeichen gekennzeichnet wird. Jede Veränderung des Bezugspunktes in Richtung Profilhinterkante vermindert diesen Wert um den positiven Betrag, der dem Produkt aus dem Ca-Wert und dem dimensionslosen Abstand l/l_F entspricht.

Nimmt man als Bezugspunkt die Stelle auf dem Tragflügel, die 25 % der Flächentiefe also dem dimensionslosen Abstand $1/4 l_F / l_F = 1/4$ beträgt, so erhält man den in (A.6) angegebenen Momentbeiwert $CM_{l/4}$, durch Addition des Drehmomentbeiwertes $\frac{C_a \cdot l_F}{4 l_F} = \frac{C_a}{4}$ zu CM_v:

$$CM_{l/4} = \frac{-C_a}{4} + \frac{C_a}{4} = 0. \tag{A.6}$$

Hieraus kann man zwei wichtige Schlussfolgerungen ziehen.

1. Der Punkt, an dem das Drehmoment verschwindet (der Druckpunkt), also der Punkt an dem die resultierende Auftriebskraft hervorgerufen wird, befindet sich bei 25 % der Profiltiefe.
2. Der Wert vom Anströmwinkel kommt in der Gleichung (A.6) nicht vor, weshalb in diesem Punkt unabhängig vom Anströmwinkel das Drehmoment immer verschwindet.

Die ein symmetrisches dünnes Profil betreffenden Überlegungen können mit kleinen Änderungen, auch auf beliebige andere dünne gekrümmte Profile übertragen werden. Der Hauptunterschied besteht darin zu berücksichtigen, dass die Skelettlinie dann keine gerade Linie mehr ist, weshalb die Steigung dieser Linie nicht konstant ist, und damit auch der örtliche Anströmwinkel von dieser Steigung abhängt.

Als wichtigstes Resultat erhält man bei solchen Rechnungen zum einen, dass der Anstieg des C_a-Wertes pro Anstieg des Anströmwinkels gleich 2π ist und damit in der gleichen Weise zusammenhängt wie bei einem dünnen symmetrischen Profil.

Zum anderen erhält man das Ergebnis, dass sich bei 25 % Profiltiefe der Neutralpunkt befindet, der für die dynamische Flugstabilität von Flugzeugen eine Bedeutung hat.

Ausgehend von einem Flugzustand, bei dem der Druckpunkt und der Schwerpunkt zusammenfallen, bedeutet dynamisch stabil, wenn der Druckpunkt bei größer werdendem Anstellwinkel in Strömungsrichtung wandert (der Druckpunkt wandert hinter den Schwerpunkt), was zu einem die Fluglage korrigierenden Drehmoment entgegen dem Uhrzeigersinn führt. Im Falle einer entgegengesetzten Druckpunktwanderung bestünde dynamische Instabilität.

Der Neutralpunkt zeichnet sich dadurch aus, dass in ihm der Momentbeiwert unabhängig von dem Anstellwinkel ist, und somit konstant ist.

So stellt ein sich in Strömungsrichtung hinter dem Druckpunkt befindender Neutralpunkt eine dynamisch stabile Situation dar, bei der eine mit größer werdendem Anstellwinkel verbundene Druckpunktwanderung in Strömungsrichtung stattfindet. Der Grund hierfür ist der mit größer werdendem Anstellwinkel ansteigende C_a-Wert und die damit zwangsweise verbundene Druckpunktwanderung nach hinten. Hierbei wird der Abstand vom Druckpunkt zum Neutralpunkt und damit der angreifende Hebel in dem Maß verringert, indem der C_a-Wert ansteigt. Würde der Druckpunkt nicht nach hinten wandern, so müsste sich der Beiwert des Neutralpunktes ändern. Der Neutralpunkt wäre dann kein Neutralpunkt, da der Momentbeiwert nicht konstant wäre, sondern sich ebenfalls vergrößern müsste.

Stromfunktion

In einer Potentialströmung vermitteln Linien, auf denen das Geschwindigkeitspotential $\Phi(x, y)$ konstant ist, eine gewisse Anschauung von der Strömung. Der Gradient des Geschwindigkeitspotentials gibt an jeder Stelle der Strömung die Geschwindigkeit v der Strömung an.

In Vektorschreibweise im zweidimensionalen Raum ergibt sich $\mathbf{v} = \frac{\partial \Phi}{\partial x} + \frac{\partial \Phi}{\partial y} = v_x + v_y$.

Die Geschwindigkeitsvektoren sind somit immer senkrecht zu den Äquipotentiallinien ausgerichtet.

Das heißt, in einer stationären Strömung, dass die Stromlinien orthogonal zu den Äquipotentiallinien verlaufen.

Eine noch bessere Anschauung der Strömung erhält man, wenn man eine Funktion $\Psi(x, y)$ kennt bei deren Konstanz die sich ergebenden Linien mit der Richtung der Stromlinien übereinstimmt, womit diese die Stromlinien letztendlich repräsentieren. Das Aufsuchen dieser Funktion ist aufgrund der bisherigen Betrachtungen gleichbedeutend mit der Suche nach einer Funktion, bei der die Ortsableitungen einen Vektor ergeben, der senkrecht auf dem Gradienten des Geschwindigkeitspotentials ausgerichtet ist.

Im zweidimensionalen Fall ist ein zum Gradienten von Φ orthogonaler Vektor durch $\frac{-\partial \Phi}{\partial y} + \frac{\partial \Phi}{\partial x}$ gegeben (das Skalarprodukt beider Vektoren ergibt 0).

Hieraus kann man bestimmen, wie die Ableitungen der gesuchten Funktion Ψ mit den Ableitungen der Potentialfunktion zusammenhängen.

Damit der Gradient von Ψ orthogonal zu dem Gradienten von Φ ist, müssen folgende Relationen gelten: $\frac{-\partial \Phi}{\partial y} = \frac{\partial \Psi}{\partial x}$ und $\frac{\partial \Phi}{\partial x} = \frac{\partial \Psi}{\partial y}$. Hieraus ergibt sich $\frac{\partial \Psi}{\partial x} = -v_y$ und $\frac{\partial \Psi}{\partial y} = v_x$.

Für Ψ = konstant erhält man daraus also die Stromlinien.

Man kann sich den Sachverhalt verdeutlichen, indem man das totale Differential von Ψ bildet, und dabei $d\Psi$ gleich null setzt.

Man erhält daraus $d\Psi = 0 = \frac{\partial \Psi}{\partial x} dx + \frac{\partial \Psi}{\partial y} dy$. Hieraus ergibt sich $\frac{v_y}{v_x} = \frac{dy}{dx}$. Der Ausdruck zeigt, dass die Tangente der Steigung der Kurve, auf der Ψ konstant ist, mit der Strömungsrichtung übereinstimmt!

Konforme Abbildungen

Die Tatsache, dass in einer Potentialströmung die zwei Kurvenscharen $\Phi(x, y)$ = konstant und Ψ = konstant immer orthogonal zueinander verlaufen, offenbart eine elementare Eigenschaft von Potentialströmungen.

Es ist die Eigenschaft, dass jede konforme Abbildung einer Potentialströmung wieder eine Potentialströmung darstellt.

Unter den Funktionen, die die Punkte einer Ebene in eine andere Ebene abbilden, stellen die konformen Abbildungen eine Klasse von Funktionen dar, bei der die Abbildungen in infinitesimalen Größenordnungen winkeltreu und maßstabsgetreu sind. Sich schneidende Linien in einer Ebene, schneiden sich, wenn diese durch eine konforme Abbildungsvorschrift in eine andere Ebene dort *unter dem gleichen Winkel* abgebildet werden.

Überträgt man dies auf die in einer Potentialströmung sich orthogonal schneidenden Stromlinien und Linien gleichen Geschwindigkeitspotentials, so wird das Kriterium des sich orthogonal schneidenden Linienmusters von jeder konformen Abbildung erfüllt.

Sucht man spezielle konforme Abbildungen, die eine gegebene Kurvenschar einer Potentialströmung *in eine achsenparallele Kurvenschar abbildet*, so hat man damit gleichzeitig die Lösung des Strömungsproblems gefunden.

Bei der Idee konforme Abbildungen hinsichtlich der Lösbarkeit von Potentialströmungsproblemen zu nutzen ist ein Gedanke der, dass zunächst eine relativ leicht zu ermittelnde Potentialströmung, wie z. B. die Umströmung eines Kreiszylinders gesucht wird, wonach durch eine gezielte konforme Abbildung, Strömungen um komplizierter zu berechnende Strömungskörper gefunden werden. Es genügt dabei eine Abbildungsfunktion zu finden, die die Kontur des einen Strömungskörpers in die Kontur des anderen Strömungskörpers abbildet.

Da es zu jedem umströmten Körper eine Stromlinie gibt, die mit der Kontur des Strömungskörpers übereinstimmt, ist damit die gesuchte Potentialströmung gefunden.

Nach einem Satz aus der Mathematik (Riemannscher Abbildungssatz), kann hierbei jede beliebige Form auf jede beliebige andere Form abgebildet werden.

Das Hauptproblem bei dieser Vorgehensweise ist es, *eine Abbildungsfunktion zu finden.*

Vor Weiterverfolgung dieser Gedanken werden zunächst die grundlegenden Mechanismen skizziert, die notwendig sind, um konforme Abbildungsvorschriften mathematisch zu formulieren.

Generell stellt sich die Situation so dar, dass man zwei Funktionen $\Phi_{(x,y)}$ und $\Psi_{(x,y)}$ sucht, die die Punkte der (x, y)-Ebene in eine Ebene W mit den kartesischen Koordinaten $(\Phi_{(x,y)}, \Psi_{(x,y)})$ abbilden. Die Eigenschaften der Funktionen $\Phi_{(x,y)}$ und $\Psi_{(x,y)}$ müssen dabei so gewählt werden, dass die entstehenden Abbildungen konform sind.

Diese zunächst sehr abstrakt erscheinende Aufgabe des Aufsuchens derartiger Funktionen, wird enorm vereinfacht durch den Formalismus der komplexen Funkionen, also der Theorie der Funktionen von komplexen Zahlen z, mit $z = x + iy$.

Eine stetige komplexe Funktion, der präzise Ausdruck ist (komplexwertige Funktion) $w = f(z) = \Phi_{(x,y)} + i\Psi_{(x,y)}$ ordnet den Punkten der komplexen z-Ebene mit den kartesischen Koordinaten x und y, Punkte in der komplexen W-Ebene mit den rechtwinkligen Koordinaten Φ und Ψ zu. Das Besondere an solch einer Abbildung ist die

Tatsache, *dass es in dem Fall in dem die Funktion $f(z)$ differenzierbar ist, sich dabei immer um eine konforme Abbildung handelt.*

Um dies nachzuvollziehen, kann man sich zunächst veranschaulichen, dass eine komplexe Zahl z statt in der Form $z = x + iy$ dargestellt werden kann als $z = b(\cos\beta + i\sin\beta)$ mit $b = \sqrt{x^2 + y^2}$. Der als Argument bezeichnete Winkel β entspricht hierbei dem Winkel zwischen der Verbindungslinie von z mit dem Koordinatenursprung und der x-Achse und die reelle Zahl b entspricht dem Betrag der Verbindungslinie von z mit dem Koordinatenursprung, weshalb sie als Betrag der komplexen Zahl bezeichnet wird.

Die vereinbarten Rechenregeln für komplexe Zahlen bedeuten, dass das Produkt zweier komplexer Zahlen z_1 und z_2 eine komplexe Zahl z_3 ergibt, deren Betrag dem *Produkt beider Einzelbeträge von z_1 und z_2 entspricht*, und deren Winkel β_3 zwischen Verbindungslinie zum Ursprung und x-Achse, *die Summe aus den entsprechenden Winkeln β_1 und β_2* der zugehörigen komplexen Zahlen z_1 und z_2 besitzt.

Mit diesen wenigen Annahmen ist man jetzt schon fast in der Lage einzusehen, weshalb eine komplexe differenzierbare Funktion immer eine konforme Abbildung darstellt. Hierzu ist es jetzt noch erforderlich zu betrachten, wie eine infinitesimal kleine Strecke zwischen zwei Punkten von einer komplexen Ebene in eine andere komplexe Ebene abgebildet wird.

Hierfür ist es notwendig die Ableitung einer komplexen Funktion $df(z0)/dz = f'(z_0)$ an einer Stelle z_0 zu betrachten.

Es sei vorweggenommen, dass man analog zur Ableitung einer nicht komplexen Funktion, bei der man als Ergebnis eine reelle Zahl erhält, bei der Ableitung $f'(z_0)$ einer komplexen Funktion, eine komplexe Zahl erhält.

Um eine von einem Punkt $P(0)$ ausgehende infinitesimale Strecke abzubilden, ist es erforderlich, den Wert der Ableitung die ja eine komplexe Zahl darstellt, mit einer infinitesimal kleinen komplexen Zahl $dz = dx + idy$ zu multiplizieren. Das bedeutet aber den soeben beschriebenen Eigenschaften von komplexen Zahlen zur Folge zum einen, dass das Produkt und damit das Abbild dieser infinitesimal kleinen komplexen Zahl dz mit der Ableitung $f'(z_0)$ eine Drehung erfährt, die dem Argument der Ableitung entspricht und zum anderen, dass das Abbild von dz um den Faktor des Betrages der Ableitung gestreckt wird. Somit ist einleuchtend, dass es sich hierbei um eine konforme Abbildung handelt, da jede infinitesimale Strecke bei einer Abbildung an der Stelle Z_0 *um den gleichen Winkel gedreht wird.* Der Winkel zwischen zwei sich schneidenden Strecken ist aus diesem Grund in der Abbildung dieser beiden sich schneidenden Strecken *der gleiche,* wobei alle Strecken um den *gleichen Faktor, der dem Betrag von $f'(z_0)$ entspricht, in der Abbildung gestreckt werden.*

Der Vollständigkeit halber wird hier noch angegeben, wie die Ableitung einer komplexen Funktion $f(z) = \Phi_{(x,y)} + i\Psi_{(x,y)}$ bestimmt wird.

Mit $Z = x + iy \rightarrow \frac{\partial z}{\partial x} = 1$ und $\frac{\partial z}{\partial y} = i$ und der Anwendung der Kettenregel erhält man:

$$\frac{\partial f(z)}{\partial x} = \frac{\partial f(z)}{\partial z}\frac{\partial z}{\partial x} = \frac{\partial f(z)}{\partial z} \cdot 1 \rightarrow \boxed{f'(z) = \frac{\partial \Phi}{\partial x} + i\frac{\partial \Psi}{\partial x}}$$

was gleichbedeutend ist mit:

$$\frac{\partial f(z)}{\partial y} = \frac{\partial f(z)}{\partial z}\frac{\partial z}{\partial y} = \frac{\partial f(z)}{\partial z} \cdot i \rightarrow \boxed{f'(z) = \frac{\partial \Phi}{\partial y} + i\frac{\partial \Psi}{\partial y}}.$$

Bild A.8 zeigt ein Beispiel einer konformen Abbildung. Die Funktion $w = \ln(z)$ bildet Kreise und vom Ursprung des Koordinatenkreuzes ausgehende Strahlen in der z-Ebene, in achsenparallele Linien der W-Ebene ab. Während die Form des lila gefärbten großen Bereiches in beiden Bildern sehr verschieden ist, sieht man, dass kleine Bereiche wie z. B. das grüne Rechteck, ähnlich sind. Auch an dem großen und dem kleinen Smiley sieht man, dass die Abbildung umso mehr in kleinsten Teilen ähnlich ist, je kleiner seine Abmessungen sind.

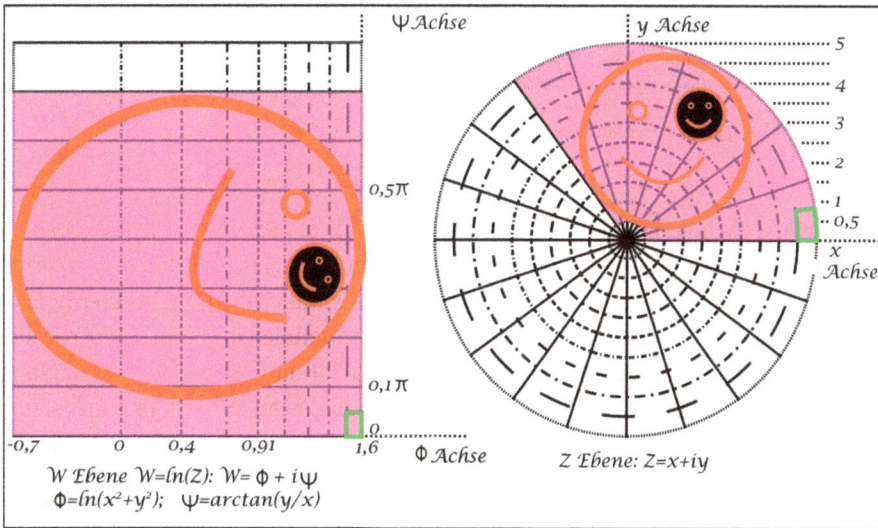

Abb. A.8: Konforme Abbildungen.

Strömungstechnisch betrachtet, fasst man die Φ achsenparallelen Linien als parallele Stromlinien auf, die somit eine Potentialströmung repräsentieren, weshalb das konforme Abbild dieser Stromlinien in der Z Ebene ebenfalls die Stromlinien einer Potentialströmung repräsentiert. Diese Potentialströmung besitzt im Ursprung eine Singularität (Strömungsquelle), von der aus die Stromlinien radial nach außen verlaufen.

Jetzt wird der Gedanke aufgegriffen mit Hilfe einer konformen Abbildung eine bekannte einfach zu ermittelnde Strömung so abzubilden, dass man daraus eine Strömung
um einen beliebigen Strömungskörper erhält, der das Thema dieses Buches betreffend
einen Auftriebskörper darstellen sollte. Voraussetzung hierfür ist es, eine konforme Abbildung zu finden, die die Kontur solch eines Strömungskörpers auf die Kontur des
Strömungskörpers abbildet von dem die Strömung bekannt ist. Wie schon in Kapitel 1
gezeigt wurde, eignet sich als Strömungskörper für eine leicht zu bestimmenden Auftriebsströmung der Kreiszylinder, siehe Bild 1.10c, in dem solch eine Auftriebströmung
um einen Kreiszylinder skizziert wird. Bezeichnet man die Ebene in die der Kreiszylinder abgebildet ist als U Ebene, mit den Koordinatenachsen Θ und $i\Omega$, so wird die Z
Ebene, mit den Koordinatenachsen x, iy und einem darin abgebildeten Auftriebsprofil
durch eine Abbildung $U(z) = \Theta(x,y) + i\Omega(x,y)$ in der Weise auf die U Ebene abgebildet, so dass das Auftriebsprofil gerade auf den Kreis in der U Ebene abgebildet wird
Bild A.9.

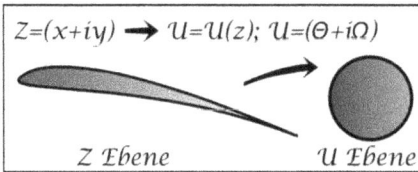

$$Z=(x+iy) \rightarrow U=U(z); \; U=(\Theta+i\Omega)$$

Z Ebene   U Ebene

Abb. A.9: Abbildung eines Profils auf einen Kreis.

Die bekannte Zylinderauftriebsströmung, wird durch die Potentiallinien $\Phi_1(\Theta,\Omega) =$
konstant und $i\Omega_1(\Theta,\Omega) =$ konstant in der U Ebene repräsentiert und stellt eine konforme
Abbildung dieser Zylinderauftriebsströmung auf eine Parallelströmung in einer W Ebene mit den Koordinatenachsen Φ und $i\Psi$ dar, deren Stromlinien in der W Ebene parallel
zur Koordinatenachse Φ verlaufen. Da die Koordinaten Θ und $i\Omega$, durch die Abbildung
$Z = U(z)$ von den Koordinaten x und iy der Z Ebene abhängen findet man so mit sofort
auch die Stromlinien der gesuchten Profilunströmung in der Z Ebene, in dem man die
Abhängigkeit der Koordinaaten Φ und $i\Psi$ in der W Ebene nicht durch eine Funktion der
Θ und $i\Omega$ Koordinaten der U Ebene ausdrückt, sondern durch deren Abhängigkeit von
den x, und iy Koordinaten der Z Ebene.

Aus dem Ausdruck für die Abbildung der W Ebene in die U Ebene, ($\Phi_1(\Theta,\Omega) =$
konstant und $i\Omega_1(\Theta,\Omega) =$ konstant) wird somit der Ausdruck gebildet, welcher die Abbildung der W Ebene in die Z Ebene ausdrückt und der damit die gesuchte Strömung um
dieses Auftriebsprofil repräsentiert. Aus $\Phi_1(\Theta,\Omega) =$ konstant und $i\Omega_1(\Theta,\Omega) =$ konstant
ergibt sich somit für die gesuchte Strömung in der Z Ebene $\Phi_1(\Theta(x,y),\Omega(x,y)) =$
konstant und $i\Omega_1(\Theta(x,y),\Omega(x,y)) =$ konstant, oder durch zwei neu definierte Funktionen Φ_2 und Ψ_2 ausgedrückt $\Phi_2(x,y) =$ konstant und $\Psi_2(x,y) =$ konstant. Bild A.10

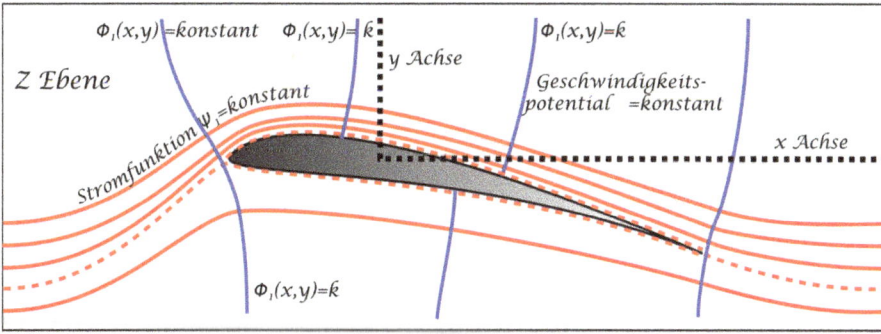

Abb. A.10: Stromliniendarstellung in der Z-Ebene.

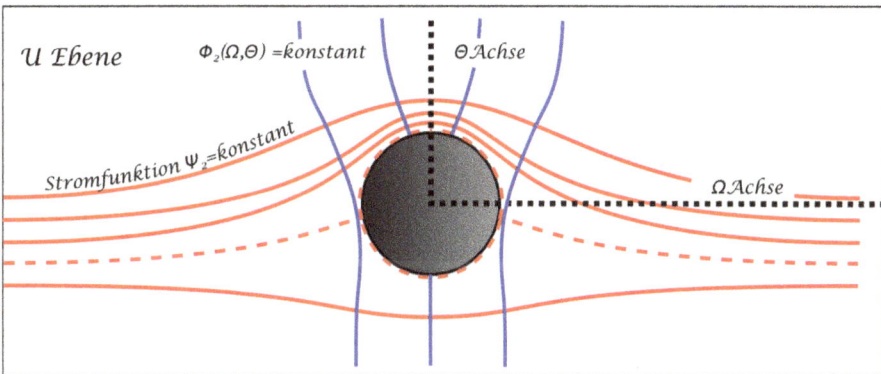

Abb. A.11: Stromliniendarstellung in der U-Ebene.

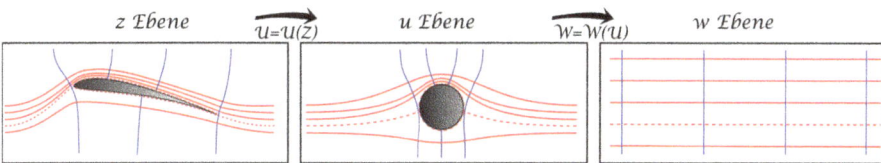

Abb. A.12: Abbildung über Zwischenabbildung eines Kreises.

repräsentiert die Umströmung des Auftriebsprofils in der Z Ebene, Bild A.11 repräsentiert die Zwischenabbildung auf den Kreiszylinder in der U Ebene und Bild A.12 skizziert den Zusammenhang aller drei Abbildungen von einander.

Abbildungverzeichnis

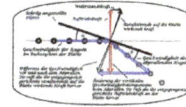

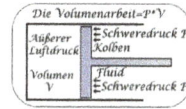
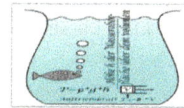
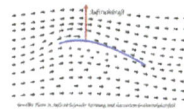

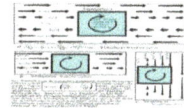

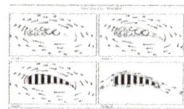
https://doi.org/10.1515/9783111336282-007

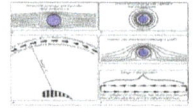
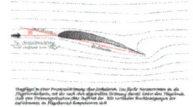

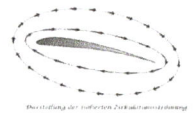
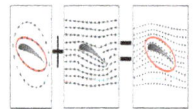
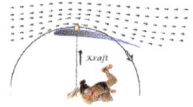

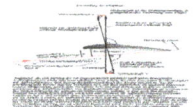

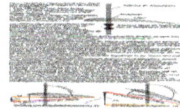

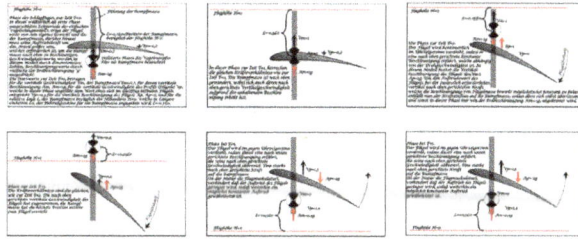

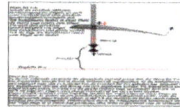

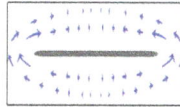

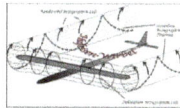

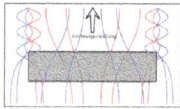

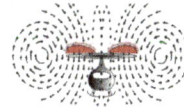
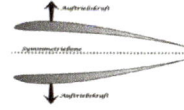
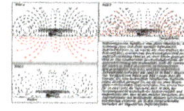

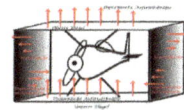
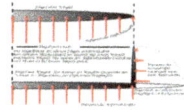
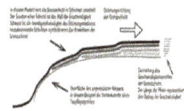
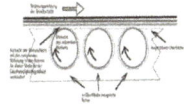
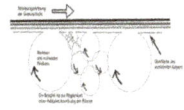
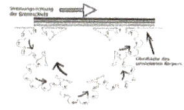

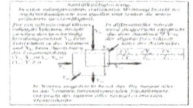
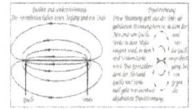
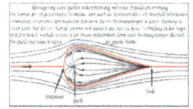
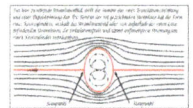
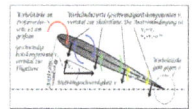
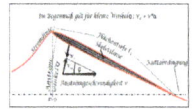
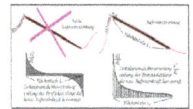
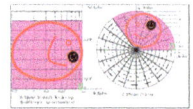
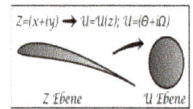
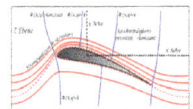

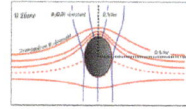

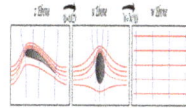

Literaturverzeichnis

[1]   Walter Greiner: Hydrodynamik._4., Bd. 2A, 1991. ISBN 3-8171-1204-1.
[2]   Prof. Dr.-Ing. Stefan Rill MSc.: Aerodynamik des Flugzeugs, Hochschule Bremen.
[3]   Prof. Peter Hakenesch: Strömungsmechanik für Dummies. Wiley-VCH; 1. Edition (10. Dezember 2014),
      ISBN-10: 3527708820.
[4]   Konrad Lorenz: Der Vogelflug. Verlag Günther Neske, Pfullingen, 1965.
[5]   Otto Lilienthal: Der Vogelflug als Grundlage der Fliegekunst. R. Gaertners Verlagsbuchhandlung,
      Berlin, 1889.
[6]   Leonardo da Vinci: Der Kodex über den Vogelflug (italienisch: Codice sul volo degli uccelli, auch als
      Codex Turin bekannt) ist eine gebundene Sammlung von Blättern mit wissenschaftlichen Schriften,
      Notizen, Skizzen und Zeichnungen von Leonardo da Vinci (1452–1519).
[7]   J. H. Spurk: Dimensionsanalyse in der Strömungslehre. Springer-Verlag, 1992.
[8]   Andrey Nikolaevich Kolmogorov: The local structure of turbulence in incompressible viscous fluid for
      very large Reynolds numbers, in: Proceedings of the USSR Academy of Sciences, 1941, Nr. 30, S. 299 ff.
[9]   Michael Stache: Bionik und Evolutionstechnik, Technische Universität Berlin.
[10] Prof. Dr. Ing. Radespiel: Skript zur Vorlesung TRAGFLÜGELAERODYNAMIK, Institut für
      Strömungsmechanik; Technische Universität Braunschweig 2007.

https://doi.org/10.1515/9783111336282-008

Stichwortverzeichnis

https://doi.org/10.1515/9783111336282-009

www.ingramcontent.com/pod-product-compliance
Lightning Source LLC
Chambersburg PA
CBHW081536220326
41598CB00036B/6459